其实就是懂幽默

徐图◎著

哈尔滨出版社
HARBIN PUBLISHING HOUSE

图书在版编目（CIP）数据

其实就是懂幽默 / 徐图著. — 哈尔滨：哈尔滨出版社，2016.6

ISBN 978-7-5484-2624-0

Ⅰ. ①其… Ⅱ. ①徐… Ⅲ. ①幽默（美学）—通俗读物 Ⅳ. ① B83-49

中国版本图书馆 CIP 数据核字（2016）第 060572 号

书　　名：其实就是懂幽默

作　　者：徐　图　著
责任编辑：杨　磊　赵　芳
责任审校：李　战
封面设计：华夏视觉

出版发行：哈尔滨出版社（Harbin Publishing House）
社　　址：哈尔滨市松北区世坤路 738 号 9 号楼　**邮编：**150028
经　　销：全国新华书店
印　　刷：北京嘉业印刷厂
网　　址：www.hrbcbs.com　www.mifengniao.com
E - mail：hrbcbs@yeah.net
编辑版权热线：（0451）87900271　87900272
销售热线：（0451）87900202　87900203
邮购热线：4006900345　（0451）87900345　87900256

开　　本：710mm × 1000mm　1/16　**印张：**13　**字数：**220 千字
版　　次：2016 年 6 月第 1 版
印　　次：2017 年 12 月第 3 次印刷
书　　号：ISBN 978-7-5484-2624-0
定　　价：32.80 元

前言 Preface

别让不懂幽默害了你

很多时候，人与人之间的隔阂在于沟通不到位。人们在充满负面情绪的时候，面对尴尬的时候，有突发事情需要解决的时候，受到刻意刁难的时候，总是会不由自主地拍案而起或大发雷霆。其实，这样的做法不但不利于解决问题，反而会使问题更加复杂化。

那么，有没有一种更好的方式既可以让人们充分地表达自己，又有利于问题的解决呢？答案是，用幽默的方法表达自己的看法。

一辆疾驰而拥挤的巴士突然急刹车，一位男士不慎撞在了一位女士的身上。该女士认为这位男士在揩她的油，鄙视道："什么德性！"骂声引来众多好奇的目光，该男士立即用幽默手段化解了尴尬。他是这样说的："对不起，小姐。但你也说得不对，我撞了你，这不是德性，是惯性！"全车乘客包括这位女士都忍俊不禁，于是人人释然。

当对方出言不逊时，我们不一定要针锋相对，用一句幽默而颇含深意的话以巧盖强，既让对方意识到自己的态度不好，又巧妙地给对方以回击，让其不能发作又有苦难辩；当别人有意挑衅时，用幽默的方式合理回避，一场毫无意义的争执便止于萌芽……

有一次，林肯正在演讲，一个青年递给他一张纸条。林肯打开一看，上面只有两个字："笨蛋"。林肯脸上掠过一丝不快，但他很快地恢复平静，笑着对大家说："本总统收到过许多匿名信，全都只有正文，不见写信人的署名；而今天正好相反，刚才这位先生只署上了自己的名字，却忘了写正文。”

幽默是一种语言表达方式，它融技巧性和轻松感于一体，让人们在诙谐与欢笑中解决问题。可以说，哪里有幽默，哪里就有活跃的气氛；哪里有幽默，哪里就有笑声和成功的喜悦。

据说，美国的男子宁愿自己变成盲人或者少一条腿，也不愿意承认自己缺乏幽默感。虽然这种说法很无厘头，但却充分体现了幽默的重要性。

那么，问题来了，许多人并非生来就具备幽默感，一个天生不具备幽默感的人后天要如何培养幽默感呢？最有效的途径就是从书本中学习，多看一些范例，多积累一些幽默的语言，通过阅读掌握现成的、别人总结出来的幽默技巧。希望这本书能使您在茶余饭后的阅读中有所获益，让您离烦恼更远，离成功更近。

目录 Contents

3 说话不拐弯，好心被冤枉

4 攻击你的人最怕回马枪

5 金盔铁甲不如铁齿铜牙

6 动动脑，把批评说得对方也爱听

7 会幽默，就不必和“小人”生气

8 幽默要新鲜，才不惹人厌

9 话说得好，别人才会听

1

懂得用幽默，你才离目标更近

很多人都在讨论：幽默到底是目的还是手段？无论如何，如果你把幽默当成目的，那么让人开怀一笑，你的目的便达到了；如果你把幽默当成手段，那么娴熟的幽默可以让你更好地达到目标。所以说，幽默可以让你离目标更近。

与其辩解，不如诙谐地承认错误

小时候，老师总是告诉我们要勇于承认错误，可见承认错误并不是件容易的事。让一个人否定他自己，是很难做到的，更不要说大人们总是会考虑自己的面子、尊严等问题。所以，承认错误成了很多人的心结。人们即使知道自己犯了错误，也会碍于面子而羞于承认，最终给人留下不好的印象。

承认错误固然需要勇气，可是如果你是个死要面子活受罪的人，就是拉不下面子来怎么办呢？错误总是要承认的，不然会落下个死不认错的名声。这里有一个更好的办法——幽默地承认错误，把勇于承认改成巧于承认。

在温哥华冬奥会开幕式上，具有浓烈本土气息的表演让全世界人民都认识了当地土族文化。按照原先的安排，当表演到了激动人心的点燃火炬的时刻，四名火炬手走到场地边缘向观众致敬，同时，场地中央的五环不断“融化”，激光投影绘成的冰面状场地逐渐开裂，四根巨大的有着土族气息的图腾柱破冰而出，之后，四名火炬手来到场地中央点燃四根柱子，圣火从底部一直燃烧至顶部，点燃中央的主火炬。

这个美妙的计划本来可以将整个仪式推向高潮，没想到现场设备出现了故障，有一根图腾柱无法升起，使得其中一名火炬手很尴尬地站在那里。这也让在场的观众心中一惊。好在其他三根柱子正常升起，最终主火炬还是熊熊地燃烧起来。这次不小的失误成为人们讨论的焦点，奥组委也在后来的新闻发布会上第一时间承认了点火失误。奥组委官方发言人史密斯·瓦拉德接受采访时说："可能是液压设备出现了问题，最终火炬的点燃方式并没有和我们计划中一样进行。"这样坦诚地承认错误赢得了不少观众的谅解。

真正精彩的一幕出现在闭幕式上，而闭幕式开始阶段的主角正是开幕式上没能点燃的火炬柱。一个小丑模样打扮的电工，欢快地走到场地中央，来到原先那个没能升起柱子的地方，左敲敲右打打，在忙碌了一阵之后，终于露出了笑脸。他把没有接好的电缆线小心地接好。就如之前官方的说法：故障是由于电缆的问题。小丑修好了电缆，并将电源线插好。

原本在开幕式上有些尴尬却又表现得十分沉着的火炬手勒梅·多恩出现在了火炬旁边，在小丑的帮忙下，她也终于点燃了这根火炬。当迟到了16天的圣火徐徐升起时，在场的几万名观众爆发出热烈的掌声。冬奥会奥组委以这样一种幽默的方式承认并弥补了自己的失误，让人赞赏不已！

我们看过那些不肯承认错误而去苦苦辩解的人，这样的人往往会招来旁人的侧目。他们虽然以为自己在为面子而战，却不想已经失去了更多的尊严。如果你没有勇气承认自己的错误，不如就像上面的例子一样，幽默诙谐地去告诉别人自己错了，这样的行为不仅能得到别人的原谅，还能让别人感受到你的真诚和睿智。

谈吐有文采，才会被青睐

幽默的言辞往往是最佳的润滑剂，它能平息对方的怒气，让对方迅速转怒为喜。

英国国王乔治三世有一次到乡下打猎，中午感觉肚子有些饿，就到附近的一家小饭店点了两个鸡蛋充饥。吃完鸡蛋后，店主拿来账单，乔治三世瞄了一眼仆役接过来的账单，愤怒地说：“两个鸡蛋要两英镑！鸡蛋在你们这里一定是非常稀有吧？”

店主毕恭毕敬地回答：“不，陛下，鸡蛋在这里并不稀有，国王才稀有。鸡蛋的价格必然要和您的身份相称才行。”乔治三世听了不由得哈哈大笑，爽快地让仆役付账。店主的幽默言辞不仅没有激怒英国国王，反而获得一笔不小的收入。

一项非正式的调查报告显示，大多数女性在选择伴侣时都会考虑男士的幽默度，可见幽默的人广受欢迎！掌握了这个交际的润滑剂还会害怕和人交谈吗？那么，人们又该怎样训练、培养幽默感呢？

有些人的幽默感是与生俱来的，但大多数人的幽默感却是通过后天的学习培养出来的。下面简单介绍几种培养幽默感的技巧：

学习幽默，首先要积累幽默的素材。如果你没有即兴幽默的能力，不如多看一些漫画和笑话，从中体会幽默的感觉，学习欣赏幽默，久而久之，就可自己制造幽默，至少也可运用看来的笑话。

其次也可体会别人的幽默感，学习听懂笑话，然后模仿一番。敞开你的心胸，去接受各种不同的人和事物，这些人和事物会在你的心中留下痕迹，成为幽默的酵母。

然后要保持愉快的心情，这是幽默感的“土壤”。如果你心情沉郁，老是想着一些不快乐的事情，怎能制造出属于快乐的幽默感呢？

除了上面几种技巧之外，使用夸张、讽刺、反语、双关等手法，也可以达到一定的幽默效果。现在介绍几种常用的方法：

1.自我解嘲

幽默的一条重要原则，就是宁可取笑自己，绝不轻易取笑别人。海利·福斯第曾经说过：“笑的金科玉律是，不论你想笑别人什么，先笑自己。”

自嘲，也是自知、自娱和自信的表现，其本身也是一种幽默。

英国作家杰斯塔东是个大胖子，由于“体积”过大，行动往往不太方便，但他从不以胖为耻。有一次，他对朋友说：“我是个比别人亲切三倍的男人。每当我在公共汽车上让座时，便足以让三位女士坐下。”这轻松愉快的自嘲，创造了轻松愉快的幽默，同时又表现了杰斯塔东的高度自信。

2.有意曲解

所谓“曲解”，就是以一种轻松、调侃的态度，歪曲、荒诞地对一个问题进行广泛的解释，将两个表面上毫不沾边的东西联系起来，造成一种不和谐、不合情理、出人意料的效果，从而产生幽默感。

一位妻子抱怨她的丈夫，说：“你看邻居王先生，每次出门都要吻他的妻子，你就不能做到这一点吗？”她丈夫说：“当然可以，不过目前我跟王太太还不太熟。”这位妻子的本意是要她的丈夫在每次出门前吻自己，而丈夫却有意曲解为让他吻王太太，这便产生了幽默。

在沟通遇到障碍时，可故意曲解对方的意思，扰乱对方的思考逻辑，让别人因为这种突兀的表达方式而糊涂，或产生错误的判断，这样一来，自己就可以借机从容脱身，或是转移焦点，化解压力。

3.正话反说

说出来的话，所表达的意思与字面意思完全相反，就叫“正话反说”。如，字面上肯定，而意义上否定；或字面上否定，而意义上肯定。这也是产生幽默感的有效方法之一。

有一则宣传戒烟的公益广告，上面完全没提到吸烟的害处，相反地却列举了吸烟的四大好处：一可省布料——因为吸烟易患肺痨，导致驼背，身体萎缩，所以做衣服就不用那么多布料；二可防贼——抽烟的人常患气管炎，通宵咳嗽不止，盗贼以为主人未睡，便不敢行窃；三可防蚊——浓烈的烟雾熏得蚊子都受不了，只得远远地避开；四可永葆青春——不等年老便已去世。

这里提到的吸烟的四大好处，让人们从笑声中悟出其真正要说明的道理，即吸烟危害健康。

4.巧妙解释促成幽默

英国著名女作家阿加莎·克里斯蒂同比她小13岁的考古学家马克斯·马洛温结婚后，有人问她为什么要嫁给马克斯·马洛温，她幽默地说：“对于任何女人来说，考古学家是最好的丈夫。因为，妻子越老他就越爱她。”

这一巧妙的解释，既体现了克里斯蒂的幽默感，又说明了他们夫妻关系的和谐。

5.使用模仿语言

模仿语言是指模仿现存的词、名、篇、句式及语气而创造出的新的语言，是幽默方式中很常见的一种。其往往借助于某种违背正常逻辑的想象和联想，把原来的语言要素用于新的语言环境中，从而产生幽默感。

一位女教师在课堂上提问：“‘不自由，毋宁死’这句话是谁说的？”过了一会儿，有人用不熟练的英语答道：“1775年，帕特里克·亨利说的。”

“对。同学们，刚才回答问题的是日本学生，你们生长在美国却回答不出来，多么可怜啊！”

“把日本人干掉！”教室里传来一声怪叫。女教师气得满脸通红，问：“谁？这是谁说的？”沉默了一会儿，有人答道：“1945年，杜鲁门总统说的。”

这位同学模仿老师的提问做了回答，从而产生了幽默效果。

总之，人们开玩笑时，应善意逗乐，促进彼此的感情交流，而不是恶意取笑，占对方便宜。开玩笑必须分清善恶，把握尺度。

幽默的谈吐代表着人们开朗乐观的个性，是一个人拥有聪明才智的标志。当然，仅仅懂得了幽默的方法还不足以表明你已经具有了幽默细胞，就像有了毛笔却不一定能成为书法家一样，它还要求有较高的文化素养，关键在于运用。

好口才让爱更甜蜜

钱钟书曾在《围城》里写道：“当着心爱的男人，每个女人都有返老还童的绝技。”可见，爱情的力量的确伟大，科学不能解决的问题也不在话下。

说起爱的味道，也许大多数人会脱口而出：“甜蜜。”的确，爱情能让人沉浸在无比的甜蜜当中，像是在生命里加入了蜂蜜一般。

那我们如何在爱情里加入些调味品，让它变得更甜蜜呢？答案便是口才！

口才是如何让爱更甜蜜的？各位不要怀疑，答案就在下述文字中。

先从开始说起吧。好的开始便成功了一半，这话对于爱情也一样有用。一开始的表白对于后来的发展尤为重要，怎样表白才能成功呢？

一个农村小伙儿和一个姑娘彼此倾慕，但是都羞于表白。一天，两人在田间相遇，姑娘灵机一动，指着在花间飞动的蝴蝶问小伙：“你说为什么只见蝴蝶恋花，不见花追蝴蝶呢？”小伙儿转瞬明白了对方的意思，坦率地表达了对姑娘的爱慕之情。

这位姑娘的无疑而问，自然令对方思考到其双关意义，话语婉转、巧妙，既实现了完美的表情达意，又不丢脸面，不留人口实。

有了这样一个好的开端，爱情便轰轰烈烈地开始了。有一千个读者，就有一千个汉姆雷特。爱情就如汉姆雷特一般，在每个人心里都是不同的样子。现在请仔细想一下，下面的一些情况或许坠入爱河的人都遇到过。那我就具体地说一说在这些情况里该如何运用口才为爱添砖加瓦。

1.斗嘴也是爱情语言的糖

首先是斗嘴，这点不用多说，嘴巴自然是斗嘴的主角。下面我们看看《红楼梦》里这场经典的斗嘴：

《红楼梦》第十九回写宝玉到黛玉房里，见她睡在那里，就去推她。黛玉只合着眼，说道："我不困，只略歇歇儿，你且别处去闹会子再来。"宝玉推他道："我往那里去呢？见了别人就怪腻的。"

黛玉听了，嗤的一声笑道："你既要在这里，那边去老老实实的坐着，咱们说话儿。"宝玉道："我也歪着。"黛玉道："你就歪着。"宝玉道："没有枕头，咱们在一个枕头上罢。"黛玉道："放屁！外头不是枕头？拿一个来枕着。"宝玉看了一眼，回来笑道："那个我不要，也不知是那个腌臜婆子的。"黛玉听了，睁开眼起身，笑道："真真你就是我命中的'魔星'！请枕这一个。"说着，将自己枕的推给宝玉，又起身将自己的再拿了一个来枕上。

这一段斗嘴，就为抢一个枕头，事很小，语言也都是很普通的日常用语，而且黛玉骂得毫不客气，要是在一般关系的男女之间，可能已经伤了和气。但在恋人之间，打是亲骂是爱，斗嘴只是示爱的一种活泼而随意的方式，所以宝玉和黛玉都没有因斗嘴而斗气，相反却越斗越亲密。

台湾女作家玄小佛在她的短篇小说《落梦》中，也描写了戴成豪和谷湄这对恋人间的一段斗嘴：

"我真不懂，你怎么不能变得温柔点。"

"我也真不懂，你怎么不能变得温和点。"

"好了……你缺乏柔，我缺乏和，综合的说，我们的空气一直缺少了柔和这玩意儿。"

"需要制造吗？"

"你看呢？"

"随便。"

"以后你能温柔点就多温柔点。"

“你能温和些也请温和些。”

“认识四年，我们吵了四年。”

“罪魁是戴成豪。”

“谷湄也有份。”

“起码你比较该死，比较混蛋。”

不难看出，这对恋人，两人彼此依赖、深深相爱，但是两人都具有独立不羁的性格，谁都想改变对方，而谁又都改变不了自己。然而，从两人针锋相对的话语里，我们分明感觉到他们彼此的宽容、彼此的相知，我们会很真切地感受到浓浓的爱意从他们的内心深处流溢而出。

2.安慰让爱更浓

也许女人天性多疑，也许女人情绪易变，所以作为男人，就要多说一些安慰、体贴的话，来缓和她的情绪。

当女人感觉到有人在背后支持她时，她的心情就容易慢慢转好，双方就可度过短暂的低潮期。当女人心情不好时，男人一定要用适当的话语给予安慰，千万不能慌不择言、火上浇油。下面就一些比较具体的情况加以介绍：

（1）当她心烦意乱时

她会开始抱怨她的生活。男人这时只要倾听她的抱怨，别拒绝她，也不要不耐烦。等她说完她的事情后，男人不需要帮她寻求解决方案，她真正需要的是安慰。

如果她说：“我没时间出去，我有好多事要做，做不完了。”

这时，男友不能说“那就别做这么多事，你应该好好休息，放松一下。”而是应该说：“你真的有好多事要做。”

然后，男友需体谅地听她细说每一件事。听她说完后，问问是否可以帮助她，这会令她感到宽慰。

（2）当她担心男友不够爱自己时

她可能会开始问很多问题，有的是关于恋爱双方之间的关系的，有的则是关于男友的感觉的。这时候，男方不需要为这些问题寻求理智的答案，因为她只是想确定男友是否还爱她。

如果她说："你觉得我胖吗？"

男友不能回答："是啊，你是没有模特儿的身材，可是模特儿都是饿出来的。"或是"你不需要这么苛求自己，我不在乎你的身材。"而是应该说："我觉得你很美，而且我喜欢这样的你。"然后，男友再给她一个拥抱。

如果她说："你觉得我们相配吗？你还爱我吗？"

男友不该说："我觉得还有些方面我们必须再沟通。"或是"你还要问几次？这个话题我们已经讨论过了。"而最好这样说："是啊，我好爱你。你是我生命中最特别的女人。"或是"我越了解你，就越爱你。"

（3）当她觉得怨恨时

女人都希望自己的付出能有所回报，这样她会更加努力。当她发现她付出的远比她所获得的要多，而且她心情正好又处于低潮期时，就会产生怨恨的感觉。她的怨恨对象有可能是她的伴侣、父母、工作、生活甚至是交通状况或其他事情。男人在这时候千万别指责她，说她想法太负面或不讲理，也不要尝试立即把她从这些情绪中拉出来。

如果女友说："我讨厌我的主管，他对我要求得太多了。"

男友千万别说："他可能不知道你已经做了很多事了，他只是希望你能有最好的发挥。"或是"你应该告诉他你的负担够大了，直接拒绝他。"

男友可以说："他不知道你做了这么多事，他到底想怎样？"然后，男友继续听她抱怨。

如果一个女人因为某件事而产生怨恨的感觉，她最不希望的就是对方对那件事不屑一顾，反而还认为她小题大做。她需要的是把事情说出来，发泄一下她的情绪，希望对方能跟她站在同一战线上，这也就是亲密关系的意义所在。

安慰的话要起到缓解精神压力的作用，首先要重视对方情绪的不快，再以温和的语言劝解，这样，男女双方的感情才会因此更加和谐。

3.妙言应对小脾气

男女之间因各自的心理特点发生矛盾冲突时，若仅仅站在异性的观点上看问题，很可能会将对方的心理特点看成缺点，导致对方在你眼里也会变得一无是处。然而，若站在超然的观点上看，特点就是特点，并无优劣之分，问题就好解决了。

（1）用“倾听”和“沉默”应付无理取闹

时常会有男性因女性的无理取闹，自己百般劝解仍无法制止而大伤脑筋。其实，应付这种场面的最好办法就是只听不说。

当你停止解释而开始倾听时，女性可能因为发觉你在专心听而说得更起劲。但你最正确的反应应该是“倾听”“沉默”。

这是在进行一场“耐性比赛”？是的，一点不错。而这场“耐性比赛”的最终失败者，往往是女性。女性做任何事情的动机，感情的成分远比理性的成分大，所以半途而废的可能性也高。在你倾听和沉默的这段时间里，她的头脑会逐渐冷静下来，会进行自我反省，会觉察到自己是无理取闹，于是偃旗息鼓。

（2）用迂回战术应对难以回答的问题

“工作和我，哪一个对你重要？”男子最怕女性提出这类问题。反过来说也一样，女子若想让男子瞠目结舌、结结巴巴讲不成话，只要多提这类问题即可。

一个人的生活有许多个层面。工作和妻子对男性来说，属于不同的生活层面，属于不同层面的人或事是无法加以比较的。

其中的道理，女性其实也知道，但她还是要问。与其说她是在询问男性的选择，不如说是在向男性提出“你对我不够好”的抗议。

女性提出这类略有点“胡闹”色彩的问题，通常是在情绪纷乱或情绪波动较大时，所以想纯粹用道理去说服她，似乎也不大可能。这时，最佳的办法就是引导她尽量说想说的话，将内心感情宣泄出来。

等她发泄过后，头脑冷静了，男性再对她说："你当然对我很重要，正因为你很重要，所以我更要努力工作，开创我们美好的未来。"以这种模棱两可的说法暗示她，是一种机敏的做法。

（3）巧妙转移话题，纠正似是而非

在男性眼里，女性有些理论根本不成其为理论。比方说："因为不要，所以不要。""不行，我提不起精神。""不是告诉过你不行了嘛，还要我怎么说？"诸如此类无法应付的理论，男性往往觉得棘手。

女性这类举止，是心理学上所说的"退化现象"，即回到了心智发育尚未成熟的阶段。小孩就凡事不以理智而以感情方式达到自己的欲求，所以常用哭的方式来表达自己的要求和拒绝厌恶的事情。

陷入这种情景中的女性，会重现幼儿以自我为中心的心理特性，这时，空洞地讲理或进攻性的强硬姿态都不会奏效，甚至会使局面更僵。

消极些的办法是退一步耐心地静静等待，留给女性发泄感情的时间。积极的办法则是设法改变话题，或者改换谈话场所，让谈话气氛改变一下，有助于女性心理障碍的克服。日本作家太宰治的一篇小说中就描写过这类场面：男主人公待女主人公哭过之后，出其不意地拿出她最爱吃的甜羊羹给她吃，原先的紧张气氛一下子消弭殆尽，两人重归于好。

日常生活中有许多东西具有上述甜羊羹的功效，只要运用得当，就能使女性爆发的情绪告一段落，缓和原本不知如何结束的尴尬场面。

懂得用幽默，你才离目标更近

很多人都在讨论：幽默到底是目的还是手段？无论如何，如果你把幽默当成目的，那么让人开怀一笑，你的目的便达到了；如果你把幽默当成手段，那么娴熟的幽默可以让你更好地达到目标。所以说，幽默可以让你离目标更近。

在我们仰望理想、仰望目标的时候，我们总是想到要努力，踏踏实实地朝着目标前进。一旦机会降临，我们便把握住它实现自己的目标。但是，我们有没有想过用一种更巧的方法来实现目标？这里的巧，不是偷工减料，也不是投机取巧，而是适当的幽默和诙谐，这可以让你更快地达到目标！

我记得曾经在书里看到过这样一个故事：

有位男青年第一次去女友家吃饭，女友叮嘱了他许多注意事项，希望他能给自己父母留下好的印象。这天，女友父母准备了丰盛的饭菜款待男青年，大家边吃边聊，气氛十分融洽，女友的父母对男青年也十分满意。男青年吃完第一碗饭，觉得肚子还没饱，便要起身去添饭，但忽然想到女友的交代，便没有起身，想等主人来添。不巧，女友和她母亲正在做家务，而未来的老丈人正喝到兴头，话匣子也打开了，只顾拉着他说话，没有留意他的碗已经空了。男青年一时不知道该怎么办，自己去添，又有些失礼，不去添，肚子又不舒服。男青年一时左右为难，尴尬不已。

这时候，男青年突然灵机一动，想出了个绝妙的方法。他乘着女友父亲说话的空隙便插话问道：“伯父，我上次听小婷说你们家打算装修是吗？”

“是啊，”老人家接着说道，“修的确是想修，你看现在这房子也旧了，的确是该大修一下了，只是……”说到这里，老人家突然顿住了。

“只是什么？”男青年接着问道。

“现在的装修师傅不好找啊，要是找到做事不认真的师傅，那修了也是白修。”

男青年一听，心里偷偷开心起来，说到：“是啊，装修师傅可一定要请好的，不然做起事来像饭没有吃饱一样可不行啊！”

男青年故意把“饭”字念得很重。女友父亲听到这里，下意识地看了眼男青年的饭碗，发现他的饭碗空了，便明白了他的意思，马上叫女儿来帮他把饭添上。

男青年可谓“转危为安”，继续和未来的老丈人天南地北地聊了起来。

这里可以把男青年的目标看作是添饭吃饱，但是种种巧合让他身处困境。如果他一味等着，势必饿着不舒服，所以他灵机一动，用这样一种幽默的方式，来解决自己的困境，达到自己的目的。

这里男青年用的方法便是“巧”。如果中规中矩地朝着自己的目标去努力，效果不一定好，并且在这种场合是行不通的。

有时候，我们也可以这样，在朝着自己目标前进的时候，不妨就像故事里的男青年一样来一点幽默，如此你便会发现自己的目标更容易实现了。

用好口才这把万能钥匙

我们总是想在生活中寻找一种可以替我们解决许多问题的办法，也就是说，在遇到不同问题时，我们只要使用这一方法，便能一劳永逸。

而幽默的口才，恰恰正是这样一种方法。它就像一把万能钥匙，可以在生活中帮我们打开不同的锁。无论是困扰你人际交往的交际之锁，还是给你工作带来麻烦的职场之锁，我们只要恰当地使用自己的口才，便能在遇到这些问题的时候迎刃而解。下面这个故事中的主人公阿凡提，就很好地使用了这把万能钥匙。

有一个挑夫挑着担子走在路上，实在饿得不行了，便在路旁的小店里吃了一只烤鸡。当他打算付钱的时候，不想，蛮横的店主要挑夫付高出烤鸡价格几百倍的钱币，理由是鸡能生蛋，蛋能孵鸡，这样算起来，被挑夫吃掉的鸡便十分值钱。他见挑夫身上钱不多，就把他告到了官府。

聪明的阿凡提得知缘由后，便主动去替挑夫打官司。他故意晚一些到官府。法官看他迟到了，很不开心地问原因。

阿凡提说道："我明天就要种麦子了，可是我的麦种还没有炒熟呢！我急急忙忙地在家里把麦子炒熟了。"

法官骂他疯了。

阿凡提平静地说："法官大人，既然炒熟的麦子不能下种，难道烤熟的鸡还能下蛋吗？"

阿凡提还遇到过一件类似的事：

一个高利贷者向阿凡提借铁锹。阿凡提说：“真不巧，我的铁锹正在生小铁锹呢。”

高利贷者很是好奇：“铁锹还能生娃娃不成？”

阿凡提反唇相讥：“那你的铜钱怎么能生娃娃呢？”

在这两个例子中，面对别人的恶意压榨，阿凡提并没有慌张，而是很好地运用了自己的口才，巧妙地利用对方荒谬至极的逻辑去反击对方。试想，如果阿凡提只是像普通人那样去争辩，结果很可能不如人意，正是由于他运用了口才这把万能钥匙，才迅速地解开了面前的问题。

19世纪德国的著名作家台奥多尔·冯达诺也是十分幽默的人。当他在柏林当编辑时，收到一个青年作者寄来的习作。他打开一看，是几首没有标点的诗，并在附信中说：“我对标点向来是不在乎的，如用时，请您自己填上。”

冯达诺很快将稿件退回，并附信说：“我对诗向来是不在乎的，下次请您只寄些标点来，诗由我填写就好了。”

也许，那个青年作者由于认识还比较浅薄才犯下这样的错误，冯达诺并没有尖锐地指出他的错误。因为如果直指他的错误，可能会打击这个年轻人的信心与写作热情，而且并不能让他真正认识到自己的错误。所以，冯达诺才用这样的方式，既不伤害对方的信心，又委婉地点出了对方的错误。

也许很多人会觉得把口才说成万能钥匙有些夸大其辞，但是在我们的生活中，幽默的口才却恰恰能扮演好这样一个角色。就像上面的几个例子，主人公在面对近乎于锁死的困境时，运用幽默的口才把这把锁轻松地解开了。试想，我们在生活中遇到的揶揄，在工作上遇到的刁难，又何尝不像一把锁住我们前进脚步的锁，阻碍着我们的发展？很多时候，只要我们巧妙地运用幽默的口才，就不会被这样的困境所绊住，依旧能迈开大步向着目标前进。

幽默的口才不仅能起到很好的说明作用，而且还能起到说服作用——在别人明白你的意思之后，你的口才还能更好地说服别人。不仅如此，在一些重要的场合，优秀的口才还能充分地控制当前的形势，让别人的话顺着你的方向说下去，这在社交场合里是很重要的一项能力。谈话节目里的主持人总能很好地把握节目内容的发展，即使出现一些突发情况也能轻松面对，就恰恰是这种能力的体现。

更多的时候，我们只是在心里默默地羡慕甚至嫉妒别人幽默的口才。其实，只要我们在生活中多留些心，多注意下自己的表达方式，在话说出口之前多考虑考虑，那么我们也能像他人一样，在困境中从容地拿出这把万能钥匙。

这样说“不”才好听

在生活中，我们一定会遇到周围的人要求我们做某些事，而我们又因为许多原因不愿意去答应他们去做。这个时候该怎么办呢？迁就地答应，必然给自己带来许多麻烦，不答应，面子上又过不去。

这个时候你就需要运用智慧，幽默地向对方说“不”。让我们先看看齐白石是怎么做的：

抗日战争时期，宣铁吾过生日，派手下来邀请齐白石前去赴宴作画。

宣铁吾何须人也？他是大特务头子。齐白石最唾弃这样的人了，但不去的话自己的家人又会有危险，无奈之下只好前往。

齐白石来到宴会上，看了看周围的客人们，他想了一会儿，忽然思路大开，唤人拿上纸墨，准备作画。宣铁吾见此十分高兴，心想：“像你齐白石这样的画家，不也得给我面子？”

转眼之间，一只水墨螃蟹跃然纸上，众人赞不绝口，宣铁吾更是喜形于色。

不料，齐白石并没有停下，在画上又题了一行字——“横行到几时”，下书“铁吾将军”，然后仰头拂袖而去。

之后，又有一个汉奸求画，齐白石满口答应下来，在纸上画了一个涂着白鼻子、头戴乌纱帽的不倒翁，还题了一首诗：

乌纱白扇俨然官，不倒原来泥半团，

将妆忽然来打破，浑身何处有心肝？

齐白石的拒绝别出一格、铿锵有力，让对方无言以对。我们在生活中需要拒绝别人的时候，又该以怎样的方式表达才合适呢？我们来说说常遇到的几种情况：

1.拒绝别人的表白

当我们得到所期望的爱情时，内心会感到莫大的满足和幸福，但当求爱的人是自己不满意或不能当作恋人来喜爱的对象时，这种幸福就会变成苦恼。苦恼的根源在于我们既想拒绝这一爱情表白，又不想伤了对方的心，尤其在对方与自己有深厚友谊时，这种苦恼就来得更为强烈。

然而，不管多么困难，不能接受的爱情总是要加以拒绝的，只是要选择适当的方式。

（1）借物喻人，委婉回绝

恋爱时抓住生活中一些特有的事物，让它们富有喻意，也能收到四两拨千斤的效果，且回绝时应尽量婉转些、谦逊些，让对方自知其意。

一个姑娘与小伙子第一次约会后，就婉言提出了不再见面的想法。没料到第二天，小伙子竟去了姑娘的公司，邀请其再次与他约会。“我现在正忙于公司的事务，实在抽不出身，真对不起，你请回吧！”姑娘回复道。

下班后，姑娘发现小伙子还待在公司的门口，于是买了一个泡泡糖递给他，寒暄几句后便匆忙告辞。姑娘的这一举动，使小伙子猛醒，知道姑娘是借泡泡糖的易破裂来比喻自己一厢情愿的爱，只好罢手。

（2）以幽默的方式表达拒绝

一位相貌美丽的女明星对爱尔兰剧作家、小说家萧伯纳说：“如果我们结婚，生下的孩子有你的头脑、我的相貌，那该有多好！”“不，”萧伯纳愁眉苦脸地说，“如果生下的孩子有我的相貌、你的头脑，那该有多糟！”

萧伯纳是举世公认的幽默大师，他的机智能使遭拒绝的人不那么难堪，在诙谐中知难而退，这正是我们应该学习的。

许多难以启齿的话，在不得不说出来的时候，必须找到最佳的方法来表达，否则不但达不到目的，还会使友情决裂并产生憎恨。最好的方法就是以幽默的方式表达，不但效果最好，也最不伤感情，而且万一有什么不快，还可以推说这是开玩笑，不必负责任。

2.巧妙对待无法完成的任务

（1）同类相喻，委婉说“不”

当领导让你做一件你根本就做不到的事情时，如果你直言答复自己做不了，可能会让领导损失颜面。这时，你不妨说出一件与此类似的事情，让领导自己意识到事情的难度，而后自动放弃这个要求。

战国时期秦国的政治家甘罗的爷爷是秦国的宰相。有一天，小甘罗看见爷爷在后花园走来走去，不停地唉声叹气。

“爷爷，您碰到什么难事了？”甘罗问。

“唉，孩子呀，大王不知听了谁的调唆，硬要吃公鸡下的蛋，命令满朝文武想法去找，如果三天内找不到，大家都得受罚。”

“秦王太不讲理了！”甘罗气呼呼地说。他眼睛一眨，想了个主意，说：“不过，爷爷您别急，我有办法，明天我替您上朝好了。”

第二天早上，甘罗真的替爷爷上朝了，他不慌不忙地走进宫殿，向秦王施礼。

秦王很不高兴，说：“小娃娃到这里捣什么乱！你爷爷呢？”

甘罗说：“大王，我爷爷今天来不了啦，他正在家生孩子呢，托我替他上朝来了。”

秦王听了哈哈大笑：“你这孩子，怎么胡言乱语！男人家哪能生孩子？”

甘罗说：“既然大王知道男人不能生孩子，那公鸡怎么能下蛋呢？”

甘罗得体地指出了秦王所提要求的无理性，并让秦王自己放弃了这个要求。

（2）佯装尽力，不了了之

当上司提出某种要求而你又无法满足时，设法给他造成你已尽全力的错觉，让他自动放弃要求，这也不失为一种好方法。

比如，当上司提出无法满足的要求后，就可采取下列措施。你可以先答复："您的建议我懂了，请放心，我保证全力以赴去做。"过几天，你再汇报："这几天×××因急事出差，等下星期回来，我再立即向他报告。"又过几天，你再告诉上司："您的要求我已转告×××了，他答应在公司会议上认真地进行讨论。"尽管事情最后不了了之，但因为你已给上司造成了"尽力而为"的假象，所以不会给他留下不好的印象，他也不会因此而怪罪你。

通常情况下，人们对自己提出的要求总是念念不忘，但如果长时间得不到回音，就会认为对方不重视自己的要求，反感、不满情绪由此而生。相反，即使不能满足上司的要求，只要能做出些样子，对方就不会抱怨，甚至会对你心存感激，主动撤回使你为难的要求。

（3）引用名人名言、俗语或谚语

在拒绝别人的时候，引用名人名言、俗语或谚语等来作答，以表明自己的态度，或辅助自己的观点，既增加了说话的权威性与可信度，又省去了许多解释和说明，还能增添口语的生动性与感染力。

汉光武帝刘秀的姐姐湖阳公主的丈夫死去后，光武帝想为姐姐再谋夫婿，便看中了朝中品貌兼优的宋弘。一次，光武帝召来宋弘，以言相探："俗话说，人地位高了，就改换自己结交的朋友；人富贵了，就改换自己的妻子。这是人之常情吗？"

宋弘答道："我听说'贫贱之交不可忘，糟糠之妻不下堂'（意思是：人不能忘记在生活贫困、地位低下时候的朋友，不能让最初的结发妻子离开身边）。"

宋弘自然深知光武帝问话之意，应允吧，有悖自己的人品，也对不起贫贱相扶的妻子；含糊其辞吧，可能会招来麻烦；直言相告吧，既不得体，又有冒犯龙颜之患。在这进退两难之际，他引用古语来表态，委婉而又直截了当地表明了自己的态度。

3.面对家人和朋友，无须遮掩

如果是朋友或者家人，你就不需要太多的遮遮掩掩了，倒不如来个“欲擒故纵”。比如，你需要拒绝的是你的好朋友，你可以先答应下来，然后侧面地告诉他你自己的困难和麻烦。如果真是好朋友的话，对方一定会理解你的苦衷，自然也会收回自己的请求了。

2

用幽默给沟通加点料

人生如河，思想似水。所以，有沟才能通。在你和他人之间挖出一道沟，让你们的思想之水充分交流，而幽默则是一把很好的锄头，让你时刻把这道沟修理得畅通无阻。

失言是误会之母

说错话的情况我们每个人都遇到过。话说，有个人请客办事，请客者其实心地善良，但偏偏有些啰唆，平日就因此吃了不少亏。这日，他看看约定的时间马上就到了，却还有一大半的客人没来，心里很着急，随口说道："怎么搞的，该来的客人还不来？"一些客人听了，心里很不是滋味："该来的没来，难道我们是不该来的吗？"于是，这些客人招呼也不打就走了。

请客者一看走了好几位客人，愈发地急了，更是口不择言，说道："怎么这些不该走的客人，反倒走了呢？"剩下的客人一听，一个个脸上都挂不住了，心想："走了的是不该走的，那我们这些没走的倒是该走的了！"于是，剩下的客人大都也走了。

最后只剩下一个跟请客者交往甚密的朋友，看到这种尴尬的场面，就劝他说："你说话前应该先考虑一下，否则说错了，造成不好的误会，就不容易收回来了。"请客者顿觉冤枉，急忙解释说："我并不是想叫他们走啊！"这个朋友听了，很是愤怒，说："不是叫他们走，那就是叫我走了！"说完，他气呼呼地也离开了。

这就是个失言的典型例子，请客者只是心急客人怎么还没来，不想一再说错话，将场面弄得尴尬不已。

失言的情况有很多种，有时兴起，大说特说，难免说错，这属于言多必失；有的时候我们对所遇到的情况估计错误，开口就错，甚至多说多错，这属于没有审时度势；更多的时候，我们说话不考虑后果，张口就来，这便是有口无心。不管怎样，说错话的结果都会造成无比尴尬的场面，轻则不能让人正确理解自己的意思，重则使对方产生很大的误会。

话说错了就要及时改正，就像做错了事一样。说错了话一定不能放在那里不管，不然就像黏在脸上的米粒一样，让我们尴尬不已。怎样去挽救错误充满了智慧和技巧，置之不理最不可取，尴尬不但不会凭空消失，还会像菌类一样不断发酵。倘若意识到错误后一味说对不起或抱歉，作用虽有，却仍会因为过于简单而大打折扣。所以，怎样弥补自己所说错的话，则需要发挥我们的幽默才能。

《笑林广记》中有这么一则笑话：

一县官拜见大宪，谈完公事以后，大宪问："听说贵县有猴子，不知都有多大？"

县官回答："大的有大人那么大。"县官自觉失言，赶忙补充说："小的有奴才那么大。"

在这里，这位县官凭着自己的机智很好地化解了失言带来的尴尬。当他说出"大的有大人那么大"时，马上意识到了自己的错误，于是话锋一转，立刻来了一句"小的有奴才那么大"，适时地开了自己一个玩笑，既顾全了大宪的面子，也化解了自己的尴尬，可谓"一举两得"。

而美国前总统布什，也经常失言。

英女王访美期间，时任美国总统布什在白宫南草坪上为访问美国的英国女王伊丽莎白二世和她的丈夫菲利普亲王举行了隆重的欢迎仪式。

欢迎仪式包括21响礼炮和乐队演奏两国国歌两部分组成，有驻美外交官、美国国会议员在内的7000多名嘉宾参加了欢迎仪式。

布什在致辞中，回顾了伊丽莎白二世女王在位期间为发展英美两国关系所做的贡献，但令人意想不到的是，一向以"口误"出名的布什在演讲时再次发生口误，竟差点称伊丽莎白二世女王在1776年访问过美国，让女王的年龄陡然增加了200岁。

布什在演讲中谈到英国女王以前的访美之行时说："美国人民自豪地欢迎女王陛下访问美国——这个您熟悉的国度。您曾经和10位美国总统共进过晚餐，您还参加了美国独立200周年纪念仪式，那是在17……嗯，是1976年。"

尽管布什及时发现口误并迅速改了过来，但这个口误仍然没有逃过现场嘉宾的耳朵，观众席中顿时爆发了大笑。

布什回头顽皮地冲英国女王眨了一下眼睛，英国女王则冷淡地回看了一眼布什，脸上没有流露出任何表情。

急于掩饰窘迫的布什又开起了玩笑。他对观众自我解嘲说："她（女王）刚才看我的眼神，就像是一位母亲在看自己（犯错）的孩子一样。"

观众席中发出了更响的笑声，英国女王也终于露出了笑容。

在如此高规格的外交场合上，布什却因为口误险些沦为笑柄，可想布什自己也十分尴尬。在向女王俏皮地眨了眨眼却只得到了女王的冷眼后，他见此招不行，便发挥了自己的幽默才华。他顺着当前的形势来了句"她（女王）刚才看我的眼神，就像是一位母亲在看自己（犯错）的孩子一样"，诚恳但不失俏皮地承认了自己的错误，也获得了女王及在场嘉宾的谅解。

想要评价不错，先幽自己一默

“浓缩了的都是精华”，看过潘长江小品的朋友一定对这句话不陌生。当潘长江在小品中因为个子矮成为笑点的时候，他便来了这么一句自嘲式的调侃，而正是这样的调侃，往往会获得观众最热烈的掌声。

自嘲是一种精神，这种精神能使人有着更轻松的生活态度，不再去患得患失、锱铢必较。

著名主持人杨澜在一次采访中说到自己的某次经历。那次，她应邀去广州天河体育中心主持第九届大众电视“金鹰奖”颁奖文艺晚会，演出中途，在一次报幕退场的时候由于灯光有些暗，她看不太清面前的台阶，虽然已经很小心了，但她还是被绊了一下，大概是穿旗袍和高跟鞋的缘故，身体瞬间失去平衡，“扑通”一声，着着实实地摔了一跤，顺台阶滚了下去。这个洋相出得可不算小，全场顿时嘘声四起，一片哗然。在这令人极为尴尬的情形下，只见杨澜不慌不忙地站起来，带着她那招牌式的笑容对观众说：“真是‘人有失足，马有漏蹄’呀！我刚才的‘狮子滚绣球’节目演得还不够熟练吧！看来，这演出的台阶不那么好下呢，但台上的节目会很精彩的。”台下顿时爆发出热烈的掌声。

杨澜此刻的自嘲真是恰到好处，虽然自己的失误在观众面前出了洋相，但她并没有在此刻去计较自己的形象，而是用一种自我嘲笑的方式让自己摆脱了窘境，这种大度的表现，恰恰也让他人看到了她的豁达和坦诚。

我们常常会遇到这样的人，如害怕病魔般拒绝着自嘲，认为这会损害形象，与他们的生活目标相违背。其实恰恰相反，自嘲不是妄自菲薄，更不是自取其辱，适当的自嘲不仅能改变困境，更能体现出自信，它可以让我们在身处困境的时候顺利地找到台阶走下去。一个敢于开自己玩笑的人才有资格去开别人的玩笑，如果在面对一些自身原因造成的缺陷时，遮遮掩掩反而会欲盖弥彰，只有大方地去承认和面对，才愈发地显示出你的自信。比方说，你的个子不高，你可以学潘长江那样来一句“浓缩了的都是精华”。

60年代我国著名乒乓球运动员徐寅生曾在一次很有影响力的关于乒乓球的讲话中，指着自己脸上的痣略带调侃地说：“大家常说我打球时是‘智多星’，其实我只不过是脸上多了几颗痣而已。”这种把别人的赞扬和自己的缺点联系起来的做法，不禁让人拍手叫好。正是这样的自嘲，不仅没有让缺点在遮遮掩掩中被放大，反而呈现出一种以自信的姿态去面对缺点的态度。

有的时候，自嘲又可以把自己的真实处境说出来，让听者更好地了解自己的处境。二战历史上有这样一个故事：

二战期间，处于困境中的英国首相丘吉尔来到美国华盛顿会见罗斯福，请求美国对英国给予物资援助，以便共同抵抗法西斯德国的“铁蹄”。丘吉尔受到热情的接待，被安排住进白宫。第二天早晨，丘吉尔躺在浴盆里边享受着温水浴边抽着他那特大号的雪茄烟时，门开了，进来的正是美国总统罗斯福。罗斯福看到丘吉尔那露出水面的肚子及微微发福的身体，觉得非常尴尬。不想，丘吉尔扔掉烟头，不慌不忙地说道：“总统先生，我这个大英王国的首相在您的面前，可是一点儿也没有隐瞒。”两人都笑了，似乎一切问题也都在这善意的笑声中解决了。此后，谈判进行得异常的顺利，英国从美国那里得到了他们想要的援助。

说到这次谈判的成功，应该得益于丘吉尔在浴缸中的那句自嘲。正是那句自嘲，不仅说出了他本人当时的窘境，也道出了当时英国在战争中捉襟见肘的处境。他这样一句善意的自嘲，不仅化解了当时的尴尬，也让美国总统了解了他内心的想法，之后的谈判，自然变得更加容易了。

一个敢于自嘲的人，才是真正了解自己缺点的人。敢于自嘲，正说明了你的自信，一种敢于把缺点展露出来的自信。只有这样的人，才会在生活中更好地体现自己的价值。

用幽默给沟通加点料

沟通是人与人之间、人与群体之间思想与感情的传递和反馈的过程，以求思想达成一致、感情交流顺畅，可见沟通是思想活动。有人说，人生如河，思想似水。沟通沟通，便是有沟才能通，在你和他人之间挖出一道沟，让你们的思想之水充分交流，而幽默则是一把很好的锄头，让你时刻把这道沟修理得畅通无阻。

每个人都有自己的背景，这背景恰恰成为相互交流的障碍，想要与别人更好地交流，就必须冲破这些阻碍。你可以运用幽默这把“锄头”，将这些阻碍化解于无形当中。让我们来看看法国著名的哲学家伏尔泰是怎么做的：

1727年英法战争那一年，伏尔泰正好在英国旅行，结果被愤怒的英国人认出，落在了他们手里。

“把他吊起来，给他最严厉的处罚！把他吊起来，给他最严厉的处罚！”人们愤怒地喊着。

伏尔泰被抓起来，人们仿佛被愤怒吞食了理智般，不由分说地把他带上了绞刑台。这时，他的一位英国朋友闻讯而来，看到这样的情景，大声喊叫着：“他是学者，只研究学问，从不关心政治，不能把他处死啊！”

“但他是法国人！”愤怒的那群人中有人吼道，“是法国人就该死！”

“对，法国人就应该被处死。”人群中很多人附和道，情绪更加激动。

在这危难的时候，伏尔泰平静地举起双手，说道：“既然你们马上就要处死我了，那么能不能让我这个马上就要见上帝的人说几句话？”

大家安静下来，想要听听他到底要说什么。

“尊敬的各位英国朋友！”伏尔泰对着群众深深地鞠了个躬，“你们要处死我，只因为我是法国人，但是你们有没有想过，我生为你们眼中卑鄙的法国人，却不能生为像你们一样高贵的英国人，仅就这件事而言，对我的惩罚还不够吗？”

英国人忍不住笑了起来，最后，他们把伏尔泰放了。

英国人出于激烈的民族情绪，残忍地要把伏尔泰处死，闻讯赶来的朋友劝阻无效，还险些火上加油，而这时，身处险境的伏尔泰没有慌张不已，而是用机智的语言为自己开脱，和在场的英国人做了一次很好的交流，最后让英国人将自己放了。

很多人都想成为一个善于交流的人，不再只是看着别人的幽默谈吐而羡慕不已。其实，这很好做到。要想很好地和别人交流，首先说话要有自己幽默的表达方式，所谓“出口成趣”，就是说起话来左右逢源、谈笑风生，不管在什么情况下都能出口成章。所以，要想提高你的沟通能力，首先要学会趣说。

幽默风趣是人和人沟通中的“润滑剂”，不仅可以拉近你们之间的距离，还能让你们的沟通更顺畅。拥有了幽默的沟通能力，不仅能让你谈吐自如，还能让你的生活更轻松，使你和周围人之间始终处在一种和睦愉快的气氛中，这样充满欢笑的生活，正是很多人所向往的。

有一点需要提醒的是，这样的幽默并不是简单的揶揄和肤浅的贫嘴，而是睿智和灵感的闪光，它可以击碎人们之间的隔阂，缩短人与人之间的距离，让你和周围人走得更近，能有更充分的了解。这样在别人眼中，你的幽默俨然已成为一种个性，一种智慧，一种你所特有的品味。

夫妻矛盾巧化解

夫妻之间，吵架是很难避免的，应该视为正常现象，不必惊慌。

夫妻两人，不仅性别不同，性格、观念、习惯等亦互有差异。恋爱时，彼此还有机会掩饰，结了婚，朝夕相处，互动频繁，大大小小的冲突是无法避免的。面对这些冲突时，若是大惊小怪，以为有了争执就表示两个人不适合在一起，则是一种错误的想法。

俗话说，床头吵架床尾和。可见，夫妻间的吵架并不是什么大不了的事。“打是亲，骂是爱”则更直白地说明了吵架正是爱和在乎的表现。夫妻间有了矛盾后要学会怎样去化解才是最重要的，处理得好，争吵只会在平静的生活中激起波澜，使双方更加了解和体谅彼此。不管吵得多么厉害，只要不想恩断义绝，和好就是彼此要走的“路”。怎么从“唇枪舌战”做到“握手言和”呢？下面则列举了几种易行而有效的方法：

1.遇河搭桥

遇河搭桥即让孩子做和好的“桥梁”。夫妻冷战后，彼此不说话，会陷入尴尬局面，当需要和对方说话但又要不失面子时，可以对孩子说：“叫你爸爸（妈妈）来吃饭吧。”那么，另一方应该大度一些，马上去拿碗和筷子。在吃饭的过程中，一方要故意说些生活中的趣事给孩子听，当然，目的是缓和气氛，使沉闷的空气变得活跃起来，几次下来，夫妻之间的“冰山”就会被慢慢消融。

2.借机行事

孩子不在，或者还没有可以做“桥”的孩子，怎么办？碍于面子又不想和对方说话，这时最好的办法就是把对方的必需品换个位置，然后故意早点出门，再用手机发短信或打电话告之必需品所在地。这样看起来是提醒，其实也包含淡淡的关怀，让对方感觉你仍关心他（她），同时也给对方一个台阶下。

3.以写代说

一位公司职员在跟太太吵架后，总是故意工作很晚才回家，太太想和好，但找不到适当的机会跟丈夫说话。后来，太太想了一个妙法，在餐桌上留了一张字条，上面写着：“鸡在烤箱里，啤酒在冰箱里，面包在餐桌上，我在床上。”

看到这些话，丈夫再怎么倔强怄气，也会心有所动，因为毕竟是夫妻啊。

所以，有时不愿用嘴说或没机会说的，都可以用手来“说”，效果肯定不一般。

4.釜底抽薪

磕碰中，如果一方已经认识到了自己的错误，那么另一方应该克制自己不要多说。最好，两个人先默默地做自己的事情，过一会儿心情平和了，男人应该主动和太太说：“早点睡觉吧，明天还要上班呢！”女人也应该半是撒娇半是道歉地说：“我今天心情不好，对不起了。”夫妻哪有隔夜仇啊，“床头吵架床尾和”，火不大时，再进一步抽掉“薪”，夫妻自然和好。

5.进入角色

一个人只有树立了高度的社会责任感和家庭责任感，懂得自己肩负着对社会和家庭的责任，保持一颗平常心，把个人的身份、名望、荣誉和名利得失看得淡一些，排除优越感和特殊感，不管自己贡献多大、权势多高，都把自己视为一个平凡的人、普通的人，及时转换角色，才能使人感到亲切、自然、可敬、可爱、可亲。

据说，英国女王维多利亚有一次同丈夫阿尔伯特亲王因生活琐事争吵不休，丈夫一气之下，把自己关在屋子里，闭门不出，发誓要和女王断绝关系。事后，女王有些后悔，想主动和好，于是便去敲门。

丈夫在屋里问："谁？"女王答道："我是女王。"门不但没有开，屋里连一点声音也听不到了。这时，聪明的女王立即转换了角色，改变了态度，丢掉"女王"这个角色，用温和的声音和口吻说："亲爱的，对不起，我是您宠爱的妻子。"这下门开了，矛盾迎刃而解，夫妻和好如初。

6.直言和解

如果双方的矛盾并不大，只是偶然出现摩擦，一方就可以直截了当和另一方打招呼，打破沉默，比如说"好了，过去的事就叫它过去吧，不要再赌气了"，说不定对方会有所回应，言归于好。

一方也可以装作把所有的不愉快都忘掉了，像什么事也没有发生似的，主动与另一方说话，对方若顺水推舟，可打破沉默。例如，上班前，丈夫突然向还在生气的妻子问："我的公文包呢？"见丈夫没有记仇，妻子也不好意思不理睬，应声道："不是在衣柜上吗？"这样就打破了僵局。

7.明确地表达自己的意见

唠叨和正式提意见是不同的，向配偶正式提意见是使配偶明确地知道自己的不满，从而引起注意，进行改正；而唠叨则主要是一种情绪宣泄，不会产生什么好的效果。有的人只是一味对配偶做无原则的迁就，并不把自己的不满明确地告诉对方，而事后再唠叨、抱怨，反而会使事情复杂化了。

有一位丈夫二十年来一直耐着性子听妻子唠叨，有一天他终于忍无可忍，一本正经地对妻子说："你听着，我下班回来很累，要休息休息，然后我才有兴趣听你唠叨，我已经忍了二十年了！"妻子听了不胜惊讶地说："你忍了二十年了？我真不知道你是太客气、太体贴人，还是太笨，连句话都不会说。你要先休息一下，就休息好了，可你为什么不说呢？"

是啊，如果这位丈夫早点明确地表达自己的意见，也许这个问题早已解决了。再如，丈夫对妻子不够尊重，甚至在朋友面前使妻子难堪，如果妻子当时忍让，事后发发牢骚，就会于事无补。更好的办法是，她应该在丈夫当着朋友的面使她难堪时，冷静而坚决地对丈夫说："你不该说这种没有礼貌的活，我想朋友们也和我同样不安。如果你有什么对我不满意，可以回家再说。"

如果丈夫还是不改变态度，妻子可以理直气壮地对他说："我已经提醒你不要这样无礼了，我不愿意在朋友面前和你争吵，但是我不能容忍你的行为。我回家去了，以后再谈。"妻子一次两次这样明确地表明自己的态度来抵制丈夫的不良行为，最后会迫使丈夫做出改变。

8.认错求和

如果一方意识到发生矛盾的主要责任在自己，就应主动向对方认错，请求谅解，如"好啦，这事儿是我不好，以后一定会注意。这件事是我考虑不周，责任在我，我赔不是，你就不要生气了，气出病来，可不划算！"对方听了，一腔怒火也许就会烟消云散。

退一步说，即使错误不在自己一方，也可以主动承担责任。

9.幽默和解

开个玩笑是打破僵局的最佳方式，如"我说，你看世界上的冷战都结束了，我们家的冷战是不是也可以松动一下？""瞧你的脸拉那么长干什么！天有阴晴，月有圆缺，半月过去了，月儿也该圆了吧！女人不是月亮吗？"对方听了多半会"多云转晴"。

总之，只要一方能针对矛盾的具体情况，采取相应的沟通方式，巧用言语，就可以尽快打破僵局，恢复家庭往日的欢乐与和谐气氛。

让自己的话“热”起来

在韩寒的成名作《三重门》里有这样一段描写：

不知不觉里，正午已到。林雨翔的胃口被积郁填塞了，再也没有进食的欲望，看到窗外的人群，眼红他们的无忧无虑。钱荣吃完饭进门，决裂后第一次对林雨翔说话：“你被罚不准读书啊？可怜可怜，处分单发下来了吗？”

“你说的？”林雨翔抬头，怒目盯住钱荣，钱荣正在洗碗，无暇与他对眼力，说：“我也没有办法的，政教处非要我说，我想罩你都罩不住。”

“班里同学都知道了吗？”

“这个你不用操心，我会帮你宣传的。”

雨翔说不出话。

看过《三重门》的朋友应该对韩寒笔下林雨翔和钱荣用着漏洞百出的学问相互抬杠的场景记忆犹新，也许对这样一个普通的场景没有什么印象。但是在这段文字中，林雨翔在百般担心自己的处分通知会被同学知道的时候，钱荣先是来了一句“这个你不用操心”，给人感觉像是他不会再给林雨翔添堵了，谁知他紧接着来了一句“我会帮你宣传的”，彻底地将林雨翔逼入了绝望的境地。这种前后巨大的落差往往能出乎意料，给人以诙谐的感觉。

当然，钱荣这样的行为并不是一个好榜样，不值得我们去效仿，但是他的这种表达方式，的确很值得玩味。在许多文艺作品中，我们也常常可以感受到这种前后语境上存在的巨大落差所带来的“笑果”。在小品《说事儿》中，主持人崔永元问宋丹丹扮演的白云大妈签字售书的场面时说道："那场面是特别壮观吧？"宋丹丹反问道："那怎么是特别壮观，那是相当壮观。"前后的反差，不禁让人捧腹大笑。

俗话说，艺术来源于生活。生活中，这样的表达方式也能达到很好的效果，请让你的话"热"起来。

汉斯–迪特里希·根舍是德国著名的政治家、法学家，其在1974年至1992年期间还担任了外交部长，并多次访问中国。有一次，他在和当时我国外长吴学谦会谈后的记者招待会上说："我认为这次讨论是有成果的，我只对一点感到失望。"在场的人听到这里无不心头一悬，吃惊地等着他说出下文，根舍停顿一会儿接着说道："我感到失望的是，根本没有一个问题是我同我的中国同事可以为之争论的。"在场所有人松了一口气的同时，也为根舍的才智暗暗叫好。

其实在这里可以看出，根舍自己也为能和中国外长的意见十分一致而感到高兴，但他一改常规，以这样一种前后存在巨大落差的方式来表达，既贴切地说出了自己的想法，又展示了作为外长应该有的睿智。

当然，我们普通人也许并没有机会出席这样的大场合，我们有的只是几个好朋友间的聚会、公司同事间的闲聊，以及家人朋友间的寒暄，但是这样的场合，我们也可以稍加修饰，让自己的话彻底"热"起来。方法有很多，我们可以像根舍那样故意制造反差，让人意想不到；我们也可以另辟蹊径，让自己的语句委婉却又能准确地描述当下的境地。有一次我在参加同事的婚礼时，新郎敬酒的时候不小心把酒洒在了新娘的头上，场面很是尴尬，大家都不知道怎样去化解眼前的冷场。这时，平时古怪机灵的小王站起来说："让我们为新娘的幸福从'头'再来干一杯！"顿时满堂喝彩，这对新人脸上也洋溢着幸福的微笑。

我们在遇到这样展示自己机会的时候，一定要在语言上好好地表现自己，让自己说的话、讲的故事千回百转，在结尾时能让人大呼"意想不到"。除了结尾时的出人意料外，在讲故事的过程中，我们还应该注意一些问题：

1.分析故事中的人物

故事的情节和主题大都是通过人物的语言、行动表现出来的，所以我们在讲故事以前就要先研究人物的性格特征，以及人物之间的关系。比如，我们要讲《皇帝的新装》这个童话故事时就要分析其中几个人物的性格，然后把国王的愚蠢无知，骗子的狡诈阴险，大臣的阿谀奉承、不分是非，乃至小孩的天真无邪都用语言表现出来，这将是一项十分艰巨的工作。

2.掌握故事的语言特点

故事的语言不同于其他文学形式的语言，其最大的特点是口语性强、个性化强。所以，当我们拿到一份材料的时候，不要马上就开始练习，而要先把材料改造一下，改成适合我们讲的故事。

3.反复练讲

对材料做了以上的分析、加工以后，我们就可以开始练讲，通过反复练讲达到对内容的熟悉，最后使自己的感情与故事中人物的感情相融合。

过程的用心准备，加上结尾时的峰回路转，定能博得听众会心一笑，整个环境也被带动得热烈起来，我们的目的就达到了。

遇见摩擦，不妨说说好话

大的争斗都是从小的摩擦开始的，小到人与人之间的打斗，大到国家之间的战争。比如，著名的洪都拉斯和萨尔瓦多之间的战争，就是由于足球迷间的冲突而引起的。尽管这场富有戏剧性的战争仅仅持续了100多个小时，但双方总计死亡人数竟趋近4000人，经济损失超过5000万美元。两国的武装冲突也给周边地区带来了极大的影响，迫使中美洲共同市场陷入瘫痪，双方的贸易完全中断，边境冲突不断，航空飞行也中断10年之久。

这或许听起来很好笑，两国之间的战争在旁人看来像是有着深仇大恨，不然不至于大动干戈。可是，这场战争只是开始于一群球迷的骚乱，的确让人大跌眼镜。

仔细想想，我们周围的争执和冲突，不都是从一些不起眼的小摩擦开始的吗？往往就是这些小的问题处理不当，才会造成更大的冲突。

当这些小摩擦出现的时候，我们就应该认真地对待，不要等到事情一发不可收拾的时候才鲁莽地去面对，尤其是当一些可能引发冲突的情况发生时，我们应立即采取机智的方法去化解，防患未然。

在清代小石道人编写的《嘻谈录》中有一则《恭喜也罢》的故事，也许看过之后能给我们很好的启发：

有3个邻居同住在一个院子里，正巧住在左右两侧的人家都生了小孩，院子里自然洋溢着喜庆的气氛。

这日，住在中间的那户人问左边的邻居：“你家生了什么？”

左边的邻居回答说："生了儿子。"

这人说道："恭喜。"

接着他又问右边的邻居："你家又是生了什么呢？"

右边的邻居回答说："生了女儿。"

这人说："也罢。"

右边的邻居听到后脸上挂不住了，不开心地说道："人家生了儿子，你说'恭喜'，我家生了女儿，你却说'也罢'，未免也太势利了吧。"

这人自觉失言但一时也不知道怎么去弥补，对方此时已经怒不可遏了。正巧外面锣鼓声响起，原来是一个官太太从这里经过，于是这人用手一指告诉邻居："你看那不是4个'恭喜'抬着1个'也罢'来了？"巧妙地化解了对方的怒气。

正如这个故事所讲，如果这个时候已经露出了冲突的苗头却还不及时地去化解，一场邻里之间的矛盾不可避免。幸好这人聪明地一转，巧妙地化解了这场摩擦。

英国作家狄更斯也遇到过类似的事情。有一天，他正在湖边钓鱼，这时，一个陌生人走到他跟前问："怎么啦，你在钓鱼？"

"是啊，"狄更斯毫不迟疑地回答，"今天运气不好，钓了半天，一条鱼也没有钓到，不像昨天，也是在这个湖边，却钓到了15条鱼！"

"是吗？"陌生人笑着问道，"那你知道我是谁吗？你看看那边的牌子。"

狄更斯往他指的方向看去，一个牌子上写着"禁止钓鱼"。

"我是专门检查钓鱼的。"那人接着说道，从口袋里掏出一本发票簿，要记下名字罚款。见此情景，狄更斯急中生智，连忙反问："那么，你知道我是谁吗？"

那个人显然不认识他，一脸疑惑，狄更斯也笑着说道："我是作家狄更斯，你不能罚我的款，因为虚构故事是我的职业。"

大多数人碰到这样的情况，都会认为一场争吵在所难免了，遇到脾气暴躁的，拳脚相加都有可能，而这个时候要要嘴皮子，让拳头歇一歇，何乐而不为呢？

言语幽默好处多

讨论幽默口才的作用似乎有些老调重弹，因为它们在生活里的作用的确无可比拟。在这本书里，我将陆续地谈到幽默口才的作用。这里先说几点，就当是引子吧！

1.幽默可促进身心健康

蕴藏着人生哲理、充满着妙趣横生的幽默，可令人乐观、心情愉快、意志坚定、消除疲劳、集中注意力，甚至还可培养人们高雅的情趣。

有一天，著名诗人海涅正在伏案创作，突然有人敲门，原来是仆人送来一件邮包，寄件人是海涅的朋友梅厄先生。海涅本来就因紧张的写作而感到有些疲倦，又因被人打断了写作思路，所以显得很不高兴。他不耐烦地打开邮包，撕了一层又一层，终于拿出一张小小的纸条，只见小纸条上写着短短的几句话："亲爱的海涅，我健康而又快活！衷心地致以问候，你的梅厄。"

海涅被朋友的玩笑逗得开心地笑了，疲倦感也随即消失。他调整情绪后，决定对他的朋友也开一个玩笑。

过了几天，梅厄先生收到了海涅寄来的一件邮包。邮包非常重，以至于他无法把它带回家，他只好雇了一名脚夫帮他扛回去。到家后，梅厄打开了沉重的邮包，惊奇地发现里面居然是一块大石头，石头上有一张纸条，上面写着："亲爱的梅厄！看了你的信，知道你又健康又快活，我心上的这块大石终于落地了！我把它寄送给你，以永远纪念我对你的爱。"

2.幽默能带来友善的人际关系

友善的幽默能表达人与人之间的真诚、友爱，拉近人与人之间的距离，是和他人建立良好关系不可缺少的媒介，尤其是当一个人要表达内心的不满时，若能使用幽默的语言，别人听起来会顺耳一些。当一个人需要把别人的态度从否定变为肯定时，幽默具有很强的说服力；当一个人和他人关系紧张时，幽默也可以使双方从容地摆脱窘境或消除矛盾。

一天，爱尔兰剧作家、小说家萧伯纳在街上行走时，被一个骑自行车的冒失鬼撞倒在地，幸好没有受伤，只是虚惊一场。骑车的人急忙扶起他，连连道歉，可是萧伯纳却惋惜地说："先生，你的运气真不好，要是把我撞死了，你就可以名扬四海啦！"

一个很棘手的问题，被萧伯纳处理得极其巧妙，从而避免了不愉快的争执。

3.幽默具有自我激励作用

从幽默中汲取力量，可以增加我们应对困难的勇气，摆脱种种烦恼。不懂幽默的人，很难懂得如何调节情绪，从而导致其所遇到的困难越多，情绪也越容易消沉。

美国发明家爱迪生致力于发明白炽灯泡时，有一个缺乏想象力又毫无幽默感的人取笑他说："先生，你已经失败了1200次啦！"爱迪生回答说："我的成功之处就在于发现了1200种材料不适合做灯丝！"说完，他自己纵声大笑起来。

这句妙语后来举世皆知。爱迪生以笑容和幽默面对困难重重的科学发明事业，不断激励自己，既不为失败而忧心忡忡，也不为世人的讽刺挖苦而感到焦虑、困惑，最终发挥出了卓绝的创造力。

4.幽默让人急中生智、化解困境

幽默可以让人急中生智、化解困境，或者从危险的境地中脱身，创造性地、完美地解决问题。

有一天，德国作家歌德在公园里散步。在一条只能通过一个人的小道上，他迎面遇到了一位曾经尖锐批评过他的作品的评论家。这位评论家高声喊道：“我从来也不给傻子让路！”“而我则正好相反！”歌德一边说，一边满面笑容地站到了一旁。

当你遇到急迫而又棘手的问题时，懂得随机应变，使用恰到好处的一句幽默的话，能令你立于不败之地。

这样推销才有效

推销员的口才有多么重要，也许不从事这个行业的人无法体会。但我们仔细想一想，如果遇到某个推销员向我们推销产品时，决定他是否成功的关键便是他的口才了。如果我们愿意花钱买下他的产品，多半是被他的言语所打动。

中国人奉行“酒香不怕巷子深”，讲究“谦逊”，于是便对“毛遂自荐”没什么好印象，所以，推销员主动推销这种近乎于毛遂自荐的行为很难得到别人的好感。想要成功，则需要在口才上下更多的功夫。

在这本书的其他章节里，我也断断续续地提到过推销口才，但觉得还有许多事情没有说到，于是在这里主要说一说推销中应该注意的一些技巧：

1.以退为进的推销语言

当推销员聆听完顾客的购买异议后，可以用“是的，但是”或“是的，不过”来作答，这种方法又叫“迂回否定法”。它先肯定对方的异议，然后再诉说自己的观点，毫无疑问，它是使用最为广泛的方法，因为它比其他方法都更适合于各种情况和各种潜在的买主。

这种方法的理论依据是，几乎所有的人都讨厌听到“不对，我根本看不出你的话有什么道理”，或“这你可说错了”，或“在你看来可能是那样，但事实毕竟是事实”，或“根本不像你讲的那样”这一类的话。几乎所有的人都讨厌他人对自己的观点所进行的直截了当的反驳。

有个很善于做皮鞋生意的人，别人卖一双，他往往能卖几双。当别人向他请教生意诀窍时，他笑了笑说："要善于拿出可能补偿的优点去压倒顾客列举的缺陷。"

然后他举例说："有些顾客到你这里来买鞋子，总是东挑西拣，到处找漏子，把你的皮鞋说得一无是处。顾客总是头头是道地告诉你哪种皮鞋最好，价格又适中，式样与做工又如何精致，好像他们是这方面的专家。你若与之争论，其实毫无用处，因为他们这样评论只不过是想以较低的价格把皮鞋买到手。

"这时，你要告诉他们鞋子除了这些缺点外，还有很多可以补偿这些缺点的优点。比如，你可以恭维对方确实眼光独特，很会选鞋挑鞋，自己的皮鞋确实有不足之处，如式样并不新潮，不过质地不错；鞋底不是牛筋底，不能踩出笃笃的响声，不过柔软一些也有柔软的好处……你在表示不足的同时，也侧面赞扬一番这鞋子的优点，也许这正是他们看中的地方，可使他们动心。顾客花这么大心思不正是表明了他们其实很喜欢这种鞋子吗？"

这就是他的妙招，先肯定顾客的话，然后再用一种曲折迂回的方法来俘虏顾客的心。

记住，在推销商品的时候，不管顾客说得正确与否，都不要和顾客发生争吵。保持顾客愉悦的心情，有助于你推销自己的商品。

2.说好开场很重要

美国某图书公司的一位女推销员总是从容不迫、平心静气地以提出问题的方式来接近顾客。"如果我推荐给您一套有关提高个人效率的书籍，您打开书发现内容十分有趣，您会读一读吗？""如果您读了之后非常喜欢这套书，您会买下吗？""如果您没有发现其中的乐趣，您把书重新塞进这个包里寄给我，行吗？"这位女推销员的开场白简单明了，使客户几乎找不到说"不"的理由。后来，这三个问题被该公司的全体推销员所采用，成为标准的接近顾客的方式。

开场白的设计要简单，在此之后要用最简洁的话将你要说的核心内容表达出来。如果客户问你："为什么我应该放下手边的事情，百分之百地专心听你介绍你的产品呢？"这时候，你的答案应该在30秒之内说完，而且得让客户满意并且吸引他的注意力。

所以说，作为推销员应该设身处地站在客户的立场来问问自己，为什么他们应该听你的，为什么他们应该将注意力放在你的身上，记住你的开场白只有30秒。

好的开场白应该会引发客户的第二个问题。当你花了30秒的时间说完你的开场白以后，最佳的结果是让客户问你的产品是什么。每当客户问你的产品是做什么用的时候，就表示客户已经对你的产品产生了兴趣。如果你花了30秒的时间说完开场白，并没有让客户对你的产品或服务产生任何好奇或是兴趣，那就表示你这30秒的开场白是无效的，你就得赶快设计另一种方式来代替了。

好的开场白能够吸引住你的客户，为你争取到更多的成功机会。只要做到别人对你的话题感兴趣，做到别人爱听，你的推销便成功了一半，而且还会为你以后的推销打下坚实的基础。

3.诙谐能助你一臂之力

在某公司举办的化妆品展销会上，几个年轻的工作人员用十分专业的术语详细地向消费者介绍了公司产品原料、配方、性能和使用方法，赢得了顾客的好评。更为重要的是，他们在回答消费者提出的各种问题时，思维敏捷、对答如流、幽默诙谐，加之他们彬彬有礼，更给顾客留下了难忘的印象。

消费者问："你们的产品真的像广告上说的那样好吗？"

一个工作人员立即答道："您试过之后的感觉会比广告上说的还要好。"

消费者又问："如果买回去，用过以后感觉不那么好怎么办？"

另一个工作人员笑着说："不，我们相信您会喜欢这种感觉。"

这次展销会获得了很大的成功，不仅产品销量超过以往，更重要的是，产品品牌的知名度大大提升。在公司召开的总结会上，公司经理特别强调，是营销人员语言训练有素促成了这次展销活动。他要求公司全体人员应该像营销人员那样，在“说话”上下一番功夫。

在营销活动中，有时候把话说得委婉一些、诙谐一些，可能比直截了当的效果更好。一个营销人员在市场上推销灭蚊剂，他滔滔不绝的演讲吸引了一大堆顾客，突然有人向他提出了一个问题：“你敢保证这种灭蚊剂能把所有的蚊子都杀死吗？”

这个营销人员机智地回答：“不敢，在你没打药的地方，蚊子照样活得很好。”这句玩笑话使人们愉快地接受了他的推销宣传，几大箱灭蚊剂很快就销售一空。

幽默语言在营销活动中的运用，不仅可以营造轻松活泼的气氛，还为营销工作创造了良好的环境。幽默话语本身就是一种极具艺术性的广告语，用得好，会给人们留下深刻印象，由一句笑话联想到某个品牌，是很好的促销方式。

营销人员在运用语言上还应注意简洁，以简单明了的语言把尽可能多的信息传递给客户。无论谈生意还是推销产品，都要突出要点，让对方能够听懂记住。如果说话颠三倒四、反反复复、啰里啰唆、空洞乏味，不仅让人抓不住重点，还会占用对方更多的时间，引起反感。简洁的语言，不但是交际的需要，也从客观上反映了营销人员的业务素质。

当然，营销人员的语言交际要注意的地方还很多，比如说话要文明、要客观真实等等。

4.用赞美开启成功之门

要想顺利说服对方，保证生意的顺利，应该学会从称赞和让对方感到满足着手。

用巧妙的赞美来满足对方的自豪感，让别人真诚地坐下来与你交谈，你的目的便达到了一半，成功就唾手可得了。

比恩·崔西是美国的一位图书推销高手，他曾经说："我能让任何人买我的图书。"他推销图书的秘诀就是：赞美顾客。

一天，崔西到某家公司推销图书，办公室里的员工选了很多书，正要准备付钱时，忽然进来一个人，大声道："这些跟垃圾似的书到处都有，要它们干什么？"

崔西正准备向他露一个笑脸时，他接着一句话又冲了过来："你别给我推销，我肯定不会要，我保证不会要。"

"您说得很对，您怎么会要这些书呢？明眼人一下子就能看得出来，您是读了很多书的，很有文化素养，很有气质，要是您有弟弟或者妹妹，他们一定会以您为荣为傲，一定会很尊重您的。"崔西微笑着，不紧不慢地说。

"你怎么知道我有弟弟或妹妹的？"那位先生有点感兴趣了。

崔西回答："当我看到您，您给我的感觉就有一种大哥的风范，我想，谁要是有您这样的哥哥，谁就是上帝最眷顾的人！"

接下来，那人以大哥教导小弟的语气说话，崔西像对大哥那样尊敬地赞美着，两人聊了10多分钟。最后，那位先生以支持崔西这位兄弟工作为由，为他自己的亲弟弟选购了5套书。

崔西在当天的日记中写道："其实，我心里很明白，只要能够跟我的顾客聊上3分钟，他不买我的图书，那是不可能的。因为，无论做人还是做事，要改变一个人，最有效的方式是传递信心和转移情绪。"

同时，他也写下了又一条人性定律："人是感性左右理性的动物，若一个人的感性被真正调动了，那么，他想拒绝你，比接受你还要难，而要想迅速控制一个人的感性，最有效和快捷的方法就是恰如其分的赞美。"

那么，要做到从容自如、得心应手地赞美别人，需要依靠何种技巧呢？

1.赞美，要善于找到对方的亮点

当我们到朋友家里做客时，看到客厅墙上有一幅山水画，我们往往会情不自禁地赞许道："这幅画真不错，给这客厅平添了几分神韵，显出了几分雅致。谁买的？眼力可真好！"

也许，这句话只是我们不经意间随便说出来的，但我们的朋友会感到很欣慰，心中的感觉一定很不错。

对于业务人员，和顾客初次接触也可以这样，一番寒暄过后，身旁的一切都可以成为恭维的话题。业务人员可以对接待室的装潢设计赞叹一番，还可以具体地谈及桌上、地上或是窗台上的花卉或盆景等，如这些花卉和盆景造型如何新颖独特、颜色亮度又是如何搭配得当等等，甚至还可以对它们的摆放位置用"恰到好处""错落有致"一类的词语来形容一番。

想象力丰富和具有创造精神的业务员经常能找出对方亮点，并加以巧妙赞美，因为赞美是说给人听的。业务员赞美物品时，必须与人结合起来，如若只是称赞东西有什么特色，是无法突出对人的赞赏的，要紧紧盯住对方的知识、能力和品味进行称赞。

如果我们喜欢我们的顾客，就不难发现他值得赞美的地方。

2.赞美，要挠到对方的"痒处"

当我们的赞美正合对方心意时，会加倍使他们产生自信，这的确是感化人的有效方法，换句话说，能挠到对方"痒处"的赞美，作用最大。

怎么发现别人的"痒处"呢？

日本顶尖业务员齐藤竹之助说："想轻易地发现每个人身上最普遍的弱点，是很简单的事情，因为只要你观察他们最爱谈的话题便可以知道。

"言为心声，全心全意，心中最希望的，也就是他们嘴里谈得最多的。你就在这些地方去挠他们，一定能挠到他们的'痒处'。"

例如，对于一位非常漂亮的女士，我们要避免对她容貌的绝色进行赞美，因为她对这一点已经有绝对的自信了，但是，我们转而去称赞她的智慧、仁慈，而她的智力恰巧不如其他人时，那么我们的称赞，一定会令她芳心大悦。

3

说话不拐弯，好心被冤枉

朱熹曾说：“守正直而佩仁义。”意思是说，做人要存正直之心，行仁义之德。当然，做人一定要正直，但是说话就不能太直，委婉的话语看似走了弯路，却总能直陈利弊、一语中的。所谓“曲径通幽”就是这个道理。

说话横冲直撞，难免非死即伤

朱熹曾说：“守正直而佩仁义。”意思是说，做人要存正直之心，行仁义之德。当然，做人一定要正直，但是说话就不能太直，不恰当的直言直语，总是会让听者误解为批评和否定，就像炸弹般轰炸着对方的耳朵，不仅让别人顾虑重重，增加心理压力，还有可能给自己带来不必要的麻烦。所以，说话还是要委婉点儿，委婉的话语看似走了弯路，却总能直陈利弊、一语中的。所谓“曲径通幽”就是这个道理。

俗话说，一句话说得让人跳，一句话说得让人笑。话应该怎样讲，就看你自己的了。

伟大的画家毕加索终其一生反对侵略战争，追求世界和平。在第二次世界大战巴黎沦陷以后，德国的将领和士兵经常出入毕加索的艺术馆，兴趣盎然地讨论着他的作品，但这些侵略者受到了主人冷淡的接待。有一天，毕加索一改他冷淡的态度，一大早便站在艺术馆的出口，发给每个德国军人他的名画《格尔尼卡》的复制品。这幅画生动地描绘了西班牙城市格尔尼卡遭德军飞机轰炸后的惨状。一位德国军官兴奋地指着这幅画问毕加索：“这是您的杰作吗？”“不，”毕加索面色严峻地说，“这是你们的杰作！”

追求和平的毕加索必然对这群刽子手深恶痛绝，但是如果他愤怒地去痛斥这群侵略者，一定会给自己招来杀身之祸，所以他明智地选择了这种方式，委婉恰当地回击了对方。这样，他既保全了自己，又将自己的态度鲜明地表明出来。

有人说，说话的方式决定了一个人的交往能力，而我们大部分时间说话是为了表明自己的态度，怎样表明自己的态度就决定了你将怎样的自己展现给别人。在社会的最小单位——家庭中，充满的是亲情和爱情，这时候，我们的表达方式则需要更加委婉和小心。有时候，太直的言语虽然是出于善意，却也会在无形中破坏和睦的氛围。

有位妻子在煲汤的时候不小心放多了盐，丈夫尝了尝汤，先是眉头微微一皱，然后轻轻地问道："家里还有盐吗？"

"当然有啊，"妻子回答道，"要不我现在就给你拿来？"

"不用了，亲爱的，我以为你把所有的盐都放汤里了呢！"

丈夫只是善意地提醒妻子，汤的味道稍微有点咸。如果他直截了当地说出来，那么很有可能伤害到妻子的自尊心，而他以这样一种委婉的方式说出来，不仅很好地提醒了妻子，还维护了夫妻间和谐的气氛。

在家庭生活中，我们往往会遇到亲人们一时的失误，而在这种时候，如果我们不注意自己的措辞，便会在家庭关系中留下不小的阴影。此时，怎样委婉表明自己的态度则显得尤为重要。比如，当妻子在挑选一件衣服并征求丈夫的意见时，丈夫觉得这件衣服颜色太过鲜艳，与妻子的年龄不符，如果丈夫直白地说："你的审美观是不是出了什么问题？都40多岁的人了还要穿着这么鲜艳的衣服跑出去，难道不怕别人笑话吗？"我想，天底下任何一位妻子听到这样的话后，自尊心都会受到很大的打击，也许还会抱怨丈夫的不体贴，不懂得爱护女人的爱美之心。如果丈夫能够顾及到这一点，以略带玩笑的口吻暗示道："女儿这么年轻，穿上这么鲜艳的衣服一定美得像花一样。"妻子在明白丈夫的暗示后，也一定会对丈夫的委婉措辞大加赞许。

把上面的道理放大到我们周围，便能为我们的说话方式提供一个很好的坐标。自古以来，人与人的交流都是双向的，你能够很好地表达自己，便能让别人更好地接受你。在竞争如此激烈的今天，我们难免会在观念上与别人发生冲突，如果表达的时候横冲直撞，则很有可能非死即伤，相反，如果我们都能用一种更加委婉的方式输出自己的观念，那么一定能在竞争中处于不败之地。

会拐弯的子弹最难防

电影《黑客帝国》里主人公快速躲子弹的画面已经成为经典。后来，在网上的一个恶搞视频里，主人公也是模仿电影里躲子弹的动作，没想到这里的子弹会拐弯，悲惨的主人公被一枪毙命。

可见，如果子弹会拐弯，那可真是防不胜防啊！

某天晚上，美国总统林肯在忙完了一天的工作后上床休息了。他本想好好地休息一下，忽然，刺耳的电话铃声响了起来，原来是个极其奸诈的人打来的。有位国家税务方面的高官刚刚去世，这人垂涎这个位置已久，便打电话来问林肯他能否替代。林肯回答说："你去问问殡仪馆的相关人员吧，要是他们不反对，我自然没有意见。"

惯于钻营的人总是见缝插针，俗话说"给点阳光就灿烂"就是指他们。他们总是看重自己的私利，抓住任何场合推销自己。面对这样的人，你需要的就是让他很好地认清自己的面目，知道自己几斤几两重，不然对方膨胀的自信心往往会伤及你的利益。这类人还有一个特点，就是他们无法认识到自己的缺点，他们的眼睛往往被自己的自信所蒙蔽，满眼都是自以为是的长处，就像上述例子里说的那样。

在这种不合时宜的时候向总统打电话推荐自己的人，其能力和修为可想而知。要是林肯就他的能力方面去否定他，势必有很大的麻烦，也毫无必要。所以在这里，林肯很聪明地去曲解他的话，把他口中的"替代"理解为简单的个体替换，丝毫不提及职位的事，让那人一肚子自荐的话说不出来，林肯也省去了许多不必要的麻烦。

这类人和那些恶意攻击你的人不同，他们也许并没有心存恶意，只是一心向着自己的目标前进。他们可能使用了不恰当的方式，给你造成了麻烦，所以你在应付他们的时候大可不必唇枪舌剑，只要不给自己造成不必要的麻烦就可以了。让自己的话像会拐弯的子弹一样，绕过他们膨胀的自信，击中他们的弱点，让他们自我清醒便可以了。

迈克在酒店退房的时候，发现老板多收了他200元钱，便拿着单子不解地跑去询问。

老板说道：“你住了十天，这200元是水果的费用。”

迈克纳闷儿地问道：“可是我一个水果都没有吃啊。”

老板接着说：“这可不能怪我啊，每天我们的服务员都把水果放到你房间，是你自己不吃的。”

迈克于是明白了，他从容不迫地从账单中拿走300元。

老板紧张地问道：“先生，你这是干什么啊？”

迈克回答道：“因为你吻了我的妻子啊，每天30元，10天不正好是300元吗？”

“你怎么血口喷人呢，我可从来没有吻过你的妻子啊！”老板叫嚷道。

“可是她天天都住在你的酒店啊，你不吻是你的事了。”

这里的老板只是出于奸商的本性才这么唯利是图，像他们这种人只是为了自己的小利益，并不是针对任何人。在与他们打交道的时候，你要做的就是维护好自己的利益，在这个例子里就是不要让自己的经济受到损失。我们在工作中也常常会遇到这样的人，尤其是你当了领导以后，总是会遇到这样那样的要求，碍于面子不好拒绝，或是不忍心太直接地去表态。这种时候，你便可以试试这种“会拐弯的子弹”，将所有让你难堪的要求都拒于千里之外。

若想全身而退，最怕直言不讳

宋朝的周敦颐在《通书·过》中描述了这样一个妇孺皆知的故事：名医扁鹊，有一次去见蔡桓公。他在旁边立了一会儿对蔡桓公说："你有病了，现在病还在皮肤里，若不赶快医治，病情将会加重！"蔡桓公听了笑着说："我没有病。"待扁鹊走了以后，蔡桓公对人说："这些医生就喜欢医治没有病的人来突显自己的本领。"

10天以后，扁鹊又去见蔡桓公，说他的病已经发展到肌肉里了，如果不治，还会加重。蔡桓公不理睬他。扁鹊走了以后，蔡桓公很不高兴。

再过了10天，扁鹊又去见蔡桓公，说他的病已经转到肠胃里去了，再不从速医治，就会更加严重了。蔡桓公仍旧不理睬他。

又过了10天，扁鹊去见蔡桓公时，对他望了一望，转身就走。蔡桓公觉得很奇怪，于是派使者去问扁鹊。

扁鹊对使者说："病在皮肤里、肌肉里、肠胃里，不论针灸或是服药，都还可以医治；病若是到了骨髓里，那还有什么办法呢？现在蔡桓公的病已经深入骨髓，我也无法替他医治了。"

5天以后，蔡桓公浑身疼痛，赶忙派人去请扁鹊，扁鹊却早已经逃到秦国去了。蔡桓公不久就死掉了。

这就是历史上有名的典故"讳疾忌医"。千百年来，学习过这个故事的人们都会对蔡桓公的行为感到可笑，但是在服务业如此发达的今天，我们以另一种眼光去重新审视这个故事时，也许会有不同的发现。

扁鹊在发现蔡桓公的病情后，直言不讳地告诉了他。其实，每个人都很害怕自己的身体出现问题，加上蔡桓公当时身体的确没有异样的感觉，因此，他是不可能去相信自己得了大病的。所以，要是扁鹊能把说话的方式改一改，要是能够让蔡桓公接受自己的建议，在早期就让他治疗，也许结果就不是这样了——蔡桓公不会身亡，而扁鹊也不用逃到秦国去了。因此，在这个故事里我们不仅看到了蔡桓公的讳疾忌医，也知道了扁鹊的直言不讳。

很多人常常认为直言不讳是一个好的习惯，因为这样的人坦率、耿直。但是，与处事圆滑相对的直言不讳也会带来一些不好的结果，这些结果往往与你的目标背道而驰。

举个简单的例子，如果你是个老板，说话时不稍加注意，那么你直言不讳所造成的不好的情况会很多。比如，周围的员工犯错时，员工没有认真听你说话时，员工对上司的要求执行不到位时，员工工作不认真时……这样的时候，一般的老板往往会盛气凌人地指出这些问题来，完全不顾及对方的面子和尊严。这样的做法虽然直截了当，但是欠考虑，得到的效果往往也不是最好的。

比如，当你发现你的下属听你说话时十分不认真，你会怎样处理呢？按照一般领导的方法，你可能直接就指责对方，还抱着“反正我是领导”的想法，甚至还会对下属有后续的处罚。但是如果你这样做，结果怎样呢？其他员工对你的印象会变差，久而久之，没有人会听你的话了。

如你在指责对方的时候，能多找找自己的原因，是不是自己说的话没有吸引力，或是过于啰唆，没有做到简明扼要、引人入胜；又或是说话内容没有重点，对方根本不知道自己要表达什么。在经过这些思考之后，你再去处理这些情况，或许会收到意想不到的效果。

你可以笑笑说：“我这个人最大的不足就是说话没有吸引力，说话的时候抓不住别人的注意力，你们也是这样认为的吧？”这样一句看似自我检讨的言语，不仅可以让在座的人认真地听你讲话，还能让别人知道你是一个和善并善于找自己原因的领导。通常情况下，有这样表现的领导，在管理部下的时候也会得心应手、如鱼得水。

善意的谎言才更显得你真诚

说谎是不好的习惯，但有时善意的谎言却必不可少。辨别一个谎言是否善意需要看他的目的，出于好心的谎言不仅不碍于诚信，还会大大地增加人与人之间的友谊和感情。拉罗什富科曾说：“有时人们也痛恨阿谀奉承，但只痛恨阿谀奉承的方式而已。”可见，如果是出于好心，说谎这种方式也是能被人们接受的。

有这样一个关于善意的谎言的故事：

因为身体状况越来越差，玛丽小姐终日待在家中。一日收到朋友发来的舞会请帖，她觉得这是个调整心情的好机会，便精心地挑选了几件衣服，仔细地化了几个小时的妆，只可惜年纪已大，加上病痛的折磨，让她的脸色看上去依旧惨白。但这并不影响玛丽的心情，她依旧开开心心地去参加舞会。

等到天色暗了下来，舞会才正式开始。优美动听的音乐，美轮美奂的背景，耀眼的水晶吊灯闪耀着迷人的灯光，穿着高贵而华丽服装的贵宾们开心地交谈着。这一切让玛丽的心情十分舒畅。

终于等到共舞的时刻了。玛丽坐在舞池边最显眼的位置，此时此刻的她，按捺不住兴奋的心情，只想着接受邀请，在舞池中展示自己优美的舞姿。

终于，有位先生朝她走来，缓缓地向她伸出右手，玛丽欣然地接受了邀请。但就在她站起来的时候，这位先生看着她的脸庞略微一愣，然后淡淡地说道：“没想到你的脸色这样的苍白，皮肤还很松弛，一点光泽都没有。”说完，他便头也不回地走了。

玛丽的脸红一阵白一阵，很是尴尬，原来的信心荡然无存。她伤心地走出客厅，蹲在角落哭了起来。这时，一个乞丐走了过来，他轻声地说道："女士，是什么事让你这么伤心啊？你如此漂亮的面孔哭起来可不好看啊！"玛丽把刚才发生的事一五一十地告诉了这个乞丐，乞丐笑着说："我看是他眼光有问题，在我看来，你美丽的面容配上精致的首饰，简直漂亮极了！"

玛丽回家后，没过几天就去世了。她在给那位羞辱她的先生的信里说道："我知道你是个诚实的人，所以我把自己的照片寄给你，这是我最真实的写照。"而在另一封给乞丐的信里，她只简单地说了一句："谢谢你的谎言。"她还把自己的财产全部给了这个乞丐。

这个故事让我们看到了善意的谎言的重要性。

生活中我们也常常会听到这样的谎言，比如面对某位身患绝症的病人，医生总是会对其隐瞒病情，告诉他只要好好吃药，多放松心情，也许过一段时间病就会好了。如果告诉病人实情，他悲伤的心情更加不利于病情，而这样善意的谎言，也许还能让患者在轻松的心态下创造出生命的奇迹。

远在边疆执行任务的儿子壮烈牺牲了，为了不让他家中的老母亲过于悲痛，所有人都在努力地编织一个谎言来安慰这位母亲，不让她被巨大的悲痛击倒。在参加国庆60周年大阅兵的海军岸舰导弹方队中，有一位来自江苏大丰的战士王震，当他和战友一起自豪地走过天安门时，他还不知道他的父亲已在8月的一次车祸中去世，为了不让儿子过度伤心而影响训练，他的母亲只是告诉他父亲受了点伤。每次王震要在电话里和父亲说话时，他母亲只是平静地告诉他"父亲受伤了，还在昏迷，不能说话"，从而让儿子全心全意地投入到训练中去。这样一个感人的谎言，凝结了多少说不尽的爱在里面啊！

“傻话”也会有“傻福”

有两个成语：一个是“自作聪明”，意思是自以为聪明而轻率逞能，指过高地估计自己，办事太主观；另一个是“大智若愚”，说的是某些才智出众的人不露锋芒，表面看起来好像挺愚蠢的。

那么在生活中，你是愿意自作聪明，还是大智若愚呢？

很多人自以为很聪明，却不知道这本身就是个很愚蠢的想法。记得有一次，6岁的侄子问我什么是埃菲尔铁塔，我心想，和他这样一个小孩也说不清楚，便含糊着说只是一座铁做的塔。不想，旁边的一位先生按捺不住了，他接过我的话大声地说道：“埃菲尔铁塔怎么只是一座铁做的塔呢，它是世界闻名的艺术品。”然后，他从埃菲尔铁塔的设计，到它的施工，以及引发的一系列的讨论，还有一些名人对它的赞扬之词，全部说得头头是道，极尽其能地彰显着自己的学问，最后还说道：“你连这个都不知道，真不要误导了小孩子啊！”等到他洋洋洒洒地发表完长篇大论之后，我只有一脸无辜地坐在座位上了。这就是自作聪明的典型。这样的人会给人什么感受？就不用我多说了吧！

与之相反，大智若愚的人却能让人由衷地钦佩。他们看似说着傻话，却能清醒地认识眼前的局势，让人不得不佩服他们的智慧。

在X射线刚刚被用于医学治疗时，还有很多人对其抱有怀疑的态度，更多的人根本不了解它是怎么一回事。

有一天，一位科学家接到了这样的一封信：

“据说X光能检测胸腔，我这几天恰巧有些不舒服，你把它寄来，我自己检查检查。”

这位科学家哭笑不得，在回信里写道：“还是把你的胸腔寄来吧！”

众所周知，X光是无法邮寄的，但是科学家如果花许多工夫去和这位先生解释这个事实，恐怕只是徒劳。所以，科学家只好说出“还是把你的胸腔寄来吧”这样的傻话，不仅避免了一场不必要的解释，还很幽默地避开了正面的交锋。

恰当的傻话总是能有这样的作用，它看似很傻，却暗藏聪明，只有聪明的人，才能体会其中的奥妙。

一位英国绅士乘火车旅行，正好和一位法国女士同在一间包厢。这位女士想引诱这位英国绅士，她脱衣躺下后就抱怨身上发冷，于是，这位绅士把自己的被子给了她，可她还是不停地说冷，几乎都哆嗦起来了。

“我还能怎么帮助你呢？”绅士沮丧地问道。

“我小时候妈妈总是用自己的身体给我取暖。”女士迅速答道。

“小姐，这我就爱莫能助了！”先生一脸无辜地说道，“我总不能跳下火车去找你的妈妈吧！”

这也许只是个让人啼笑皆非的笑话，但是绅士的这句傻话可谓精彩至极，不仅鲜明地表明了自己的态度，还对面前这位轻浮的女士狠狠地批评了一顿。

如果你是个聪明人，也不妨说说傻话吧。

冷静才有理性

冷静不下来的人，往往难有所作为。我们总是会被一些虚假的东西蒙蔽自己的眼睛，让我们难以看清真相，看不到问题的本质。所谓“感时花溅泪，恨别鸟惊心”大概就是这么一种感觉。以冷静的头脑和理性的心态面对问题，我们才不会做出错误的判断。

动不动就失去理性的人，总是处在情绪的控制之下，一激动就慌不择言，不能很好地表达自己。怎样才能有理性呢？答案便是冷静。这两者看似风马牛不相及，其实不然。只有可以冷静下来的人，才能让理性支配自己的头脑，不管遇到多么复杂的环境，都能去伪存真，看清事物的本质。

阿道夫·门采尔是世界著名的素描大师，是德国19世纪成就最大的画家。他长得又矮小又丑陋，每次有低俗的人嘲笑他的长相时，他总是以自己独有的方式进行还击。

这天，当门采尔正坐在饭馆里享受午餐时，进来了三个外国人，一位女士和两位先生，他们在附近的一张桌子旁坐下。画家抬头一看，发现那位女士正和两个同伴耳语，他们还不时地打量着门采尔，口中咿咿呀呀地不知道在说些什么。后来，那三个人用略带歧视的眼光打量了门采尔一番又哈哈大笑起来。

门采尔的脸顿时涨得通红，他知道对方肯定是在嘲笑自己的长相，但他没有说什么，而是取出随身携带的速写本，认真地画起画来了。他一边画着一边不时地望向那位女士的脸庞。这三个人明显感觉到了，他们顿时不自在起来，尤其是那位女士，脸上红一阵白一阵的。她不知道旁边这位长相丑陋的人想要干什么，却又不好直问，显得十分尴尬。

门采尔却不理他们，当作什么事都没有发生，依旧专注地在画自己的画，并没有在乎旁边人的目光。终于，其中一位男士忍不住了，他站起来，慌张地走向门采尔，说道：“先生，你怎么没有经过女士的允许就擅自画她呢，这样是很不礼貌的，你不知道吗？”他的言语中透露着一丝愤怒。“先生，”门采尔很有礼貌地回答道，“这哪里是一位女士呢？你自己仔细看看，这分明就是一只鹅啊！”他说着就把速写本递给那位男士看，这位男士见自己冤枉了门采尔，连忙说对不起，一脸窘态地回到了自己的座位上。只是旁边几位顾客见此情景不禁大笑起来，原来，门采尔画的是一只引颈高叫的肥鹅。那个男人并不知道“鹅”在德语中可以当作骂人的话，意为“愚蠢的女人”。

在面对别人的嘲笑时，失去理智的人往往怒不可遏，甚至大打出手，这样往往也伤害了自己。我们不如学学门采尔，他并没有被情绪牵着鼻子走，而是冷静下来，更有力地还击对方。

德国大诗人海涅因为是犹太人，常常遭到无端攻击。在一次晚会上，一个旅行家故作神秘地说道：“我发现了一个小岛，你们猜猜这个岛上有什么奇怪的景象？”

大家的胃口一下子被他吊了起来，都兴致勃勃地等他说出下文。

那个旅行家看到大家都等着他的下文，便得意地说道：“这个岛上竟然没有犹太人和驴子！”说完，还哈哈大笑起来。

旁边的人都看着海涅。

海涅不但没有生气，还微笑着说道：“我有一个办法来弥补这个缺陷，那就是你和我一起去这个岛上！”

海涅如此精彩的回击，正是他可以冷静下来面对挑衅的结果。冷静的作用在这里充分展现，所以说，当我们的激动情绪正要冒出头的时候，就应该用冷静来给自己降降温。

4

攻击你的人最怕回马枪

喜欢攻击别人的人，往往自以为是地站在道德的高点，摆出一副盛气凌人的样子，对别人横加指责，然后一脸得意地看着对方的窘态，暗自在心中窃喜。在面对这样的人时，我们需要回马一枪，命中要害。

让耳朵选择性接收

我们常说“听说”两个字，可见先有听才有说。我们所说的内容很大程度上取决于我们听到了什么，想要说得有水平，就必须在听上下功夫。

不管别人叽叽喳喳说了些什么，我们的耳朵应该只听到有用的东西。耳朵应该像筛子一样把那些会误导你的语句过滤掉，尤其对方话里有话的时候，我们更是应该抽丝剥茧，抓住别人话里的重点，回话的时候才不至于本末倒置，让人不知所言。

一对情人坐火车外出旅行，在车上和一位老先生相邻而坐。老先生十分健谈，一路上和这位小姐谈得很投机，两个人天南地北地狂侃起来，谈笑风生，很是热闹。这位小姐的男朋友看着有些不开心了，他小声地在她耳旁说道：“小心点，他是‘醉翁之意不在酒’啊！”女友觉得他心眼太小，宽慰他道：“没事的，你想太多了，我是醉酒之意不在翁。”他俩的对话恰巧被老先生听到了，老先生笑了笑，自言自语道：“我啊，是醉酒之翁不在意！”

三个人的话都围绕着一句名言展开，但言语间把小伙子的小心眼、女友的无奈和老先生的大度尽显无遗。老先生在听到他们的对话后，也明白了其中的意思，略带调侃的一句话，既表明了自己的态度，也打消了对方的顾虑。

“谣言止于智者”，是让耳朵选择性接受的另一层意思，大哲学家苏格拉底在这方面给我们树立了很好的榜样。

有一次，苏格拉底的一个学生匆匆忙忙地跑来找苏格拉底。虽然很累，但他的脸上洋溢着兴奋之情。“告诉你一件事，”他急匆匆地喊道，“你绝对想象不到的……”

“请等一下！”苏格拉底面容平静，语气坚定地制止了他，“我这里有3个筛子，想把你要说的话筛选一下。”

他的学生不知道老师要说什么，不解地摇摇头。

苏格拉底继续说：“如果你有一件事要告诉别人，请先在心里拿这3个筛子过滤一下！第一个筛子叫作‘真实’，你确定你告诉我的事是真实的吗？”

“这我倒不知道，我是从街上听来的，大家都这么传，我也不确定是不是真的发生过。”

“那这时候就需要第二个筛子了，如果你不能确定是真的，至少也应该是善意的吧，你要说的事是善意的吗？”

“不，正好相反，是某某人的坏话。”他的学生脸涨得通红，羞愧地低下头来。

苏格拉底却不依不饶，继续说道：“那么我们再用第三个筛子检查一下，既然你这么着急地要告诉我，这件事很重要吗？”

“并不是很重要……”学生的声音几乎已经听不见了。

苏格拉底不等他说完，继续说道：“既然你不能确定事情的真假，它又不是出于善意，并且根本不重要，你这么着急地说出来还有什么意思呢？要知道，你说的有可能只是谣言而已！说了也只会给我们两个人造成困扰罢了。”

有位名人曾说过，如果有个人贴着你的耳朵说“有件事要告诉你，不过不要和别人说”的时候，你应该理智地走开，因为这样喜欢搬弄是非的人只会给你增添麻烦，并且同样的情况也会发生在你的身上。

我们在听说或是转述一件事的时候，也要用这3个筛子过滤一下。如果这件事可能是谣言，并且会伤害别人时，我们应该尽量去阻止它的传播，让自己的耳朵把这些困扰过滤掉。

以其人之道还治其人之身

在金庸小说里，慕容复在了解对方武功精要的基础上，使出“斗转星移”的功夫，将对方的招式反击到对方自己身上，看起来好像是使出了跟对方一样的武功将对方打倒。在武侠小说中，你还可以看到许多这样的片段，发出去的暗器被人挡了回来，结果自己被自己的暗器所杀，好不冤枉！

这便是题目里说的“以其人之道还治其人之身”。这样的方法用在口才上也一样好使，不仅省心省力，还不用你挖空心思去想新的招数，只需要把对方的招式回击到对方身上便能一举将其击倒。

要想看出对方的招数，先让我们看看下面的故事：

古时候，有一个叫巧姑的妇女，聪明能干，把家务安排得妥妥帖帖。她公公张老汉一时高兴，就在大门上写了几个大字：“万事不求人”。知府老爷看到了，心想：“这不是存心把我也不放在眼里吗？那好，我就叫你来求求我。”于是，他便叫人把张老汉抓来，对他说：“你说得出这种大话，想必有大本事。好吧，限你三天之内，找出三件东西来：一只大公牛生的牛犊，一瓶灌满大海的清油和一块遮天的黑布。要是找不到，就办你个欺官之罪！”

张老汉犯了愁，回家把话告诉了巧姑，巧姑说：“你放心吧，这差事让我来应付。”

过了三天，知府老爷来了，一进门便喊：“张老头快出来！”巧姑走上前说：“禀大人，我公公没在家。”

“他敢逃跑！”

巧姑说："他没有逃，是生孩子去了。"知府奇怪地说："胡说，世上只有女人生孩子，哪有男人生孩子？"巧姑说："既然男人不能生孩子，为什么又要公牛生牛犊呢？"知府一时无言答对，只得说："这件不要他办了，还有灌满大海的清油呢？"巧姑说："请大人把海水撤干，马上就灌。""海有那么大，怎么撤得干？"巧姑说："撤不干，海里白茫茫的一片水，油又往哪里灌？"知府的脸一下子羞红了，便怒叫道："这一件也不要他办了，还有遮天的黑布呢？"巧姑说："请问大人，天有多宽？"

知府说："谁也没有量过，哪里晓得它有多宽！"巧姑说："既然不晓得天有多宽，那叫我们怎么去扯布呢？"知府老爷再也没有话说了，他红着脸，灰溜溜地钻进轿里，跑了。

看完这个故事，我想很多人都会忍不住嘲笑知府的窘态。仔细一想，是什么巧妙地回击了知府，又是怎样把他逼上绝境的呢？答案便是"以其人之道还治其人之身"。知府的刁难虽然可笑，但是让巧姑一个农村妇女与其对抗也不是件容易的事，稍有不妥便会一败涂地。好在巧姑聪明机智，抓住了知府问题的漏洞，把问题又退给了对方，确切地说，真正难倒知府的，正是他自己提出的问题。

怎么样？如果你觉得还不过瘾的话，再来看一个故事吧！

从前，有个叫丘浚的人去逛庙，庙里的老和尚见他十分寒酸，就对他格外冷淡。这时，恰好有一个地方官吏也来逛庙，老和尚见了，马上满脸堆笑，热情招待，恭敬备至，把丘浚撂在一旁不予理睬，丘浚十分不满。等这位官吏走了以后，丘浚质问老和尚："为什么对当官的这样恭敬，对我却冷若冰霜？"

"你不懂，"老和尚急忙辩解道，"按我们佛门的规矩，恭敬就是不恭敬，不恭敬才是恭敬！"

丘浚听罢，哈哈大笑，猛然间抄起一根木棒，照老和尚的头就猛打，打得老和尚双手抱头哇哇直叫。众人拦住丘浚，老和尚问道："你为何打人？"丘浚一本正经地说："既然你说恭敬就是不恭敬，不恭敬才是恭敬，那么，我打你就是不打你，不打你才是打你了！”老和尚满面羞惭，无言以对，众人对他侧目而视。

老和尚的这种阿谀奉承、趋炎附势的做法应以怎样的一种方式去教训他才合适呢？直白简单的指责，并不一定能让对方清醒，弄不好还被他辩得哑口无言。丘浚则十分聪明，把老和尚辩解的逻辑运用到实际的行动上，打了他，还让他无话可说。

这便是“以其人之道还治其人之身”的好处。用你的方法来回击你，倘若我错了，那么你也错了；如果我对了，你也无话可说。左右都让对方为难，自己则能处于不败之地。

三思而后言

三思而后行，是每个人都懂的道理，意思是说在行动之前多考虑。这里的三思而后言也是教人说话之前多考虑。

在这里，考虑的含义就很多了。你要考虑说话的对象、说话的背景，还有你说的话本身是否恰当，总体来说，就是让你不要滔滔不绝、口不择言。该少说的时候就要少说，比如你和一个小孩子大谈哲学，或是和一个老人讨论时尚，这样的结果就是对牛弹琴，所以说话之前还是要好好地考虑一下。

古罗马有位地位显赫的英雄，他以“战神科里奥拉努斯”之称而闻名于世，在历次的大战中立下汗马功劳，在百姓中有着极好的口碑。后来，科里奥拉努斯渐渐厌倦了战场的杀戮，他打算竞选最高层的执政官来提升自己的名望，从而进入政界。

按照程序，竞选这个职位的人必须进行两次演讲。初次演讲时，面对广大的百姓，科里奥拉努斯表现得十分出色。他一开始便把自己几年来征战所留下的伤疤展示出来，以表现自己的爱国情操，令在场的百姓感动不已，几乎所有人都决定投他一票。

科里奥拉努斯也很满意自己的表现，甚至有些骄傲起来，他认为自己当选已是定局。遵循程序要求，在投票的前两天，他还要做一次演讲，这次的对象换成了达官贵人。科里奥拉努斯一改之前的形象，在会议厅里的元老和贵族面前，他傲慢自大地宣称自己一定会当选，还说在自己当选后一定维护贵族的利益，并无礼地攻击对手，甚至说了一些阿谀奉承的话来讨好贵族。

不想，他竞争对手的朋友也在场，把他的话传了出去。全城的老百姓听了后十分气愤，于是都把票投给了另外几位候选人。科里奥拉努斯落选了。

科里奥拉努斯败选之后，只能重新回到战场。他强忍着心中的怒火，发誓要让那些百姓尝尝苦头。

一次战争过后，有队缴获的物资运抵城里，元老院召开会议讨论是否把物资发放给百姓。科里奥拉努斯觉得自己的机会来了。他极力反对把物资发给群众，还攻击当下的政治制度，请求取消农民代表，只让贵族说得算，要彻底剥夺农民的权利。

科里奥拉努斯的最新言论令平民愤怒不已，他们觉得自己的尊严受到了践踏。人们成群结队地赶到元老院前，要求科里奥拉努斯出来向他们道歉，但科里奥拉努斯傲慢地拒绝了。百姓忍无可忍，爆发了大规模的暴力示威行动。元老院迫于压力，最终赞成发放物品，但是老百姓对科里奥拉努斯的言行依旧十分愤怒，声称他出来道歉后，才允许他重返战场。

于是最后，科里奥拉努斯只好在群众面前道歉，开始他的发言倒还缓和，谁知没过多久，他的内心越来越愤怒，甚至出言攻击民众！越到后来，百姓就越是愤怒，他们先是大声抗议，然后引发肢体冲突，使科里奥拉努斯无法继续发言。绝大多数百姓请求元老院判他死刑，要求治安长官立即拘捕他，送到塔西匹亚岩顶端丢掷下去。后来，在贵族和元老们的调解下，他被判决终生放逐边境，永远不能回城。人们得知这一消息后，纷纷走上街头欢呼庆祝。

在这里，科里奥拉努斯成了说话不考虑后果的典型。他没有分清自己说话的对象和场合，于是说出了一些不合时宜的话，让原本前途远大的他一下子陷入了困境。本来还有机会改过的他，却一错再错，直到困境变绝境，最终让自己陷入万劫不复之中。

所以，生活中的我们在说话之前要好好考虑一下，不要张口就来，所谓“话不在多，精则行”。

用沉默引出幽默

说起沉默和幽默，也许很多人无法把这两个词联系起来。沉默的人往往给人一种成熟的印象，而幽默的人则让人觉得机智。尤其在遇到一些不如意的情况时，沉默就代表着忍让和胆怯，而幽默则表明了这个人的勇敢还击。的确，幽默和沉默这两个词在意思上大相径庭，但是在特定的时候，适当的沉默往往可以成为效果不错的幽默。

天津小吃灌汤包可谓闻名海外。有一家的包子以味道正宗、风味独特而闻名，许多客人都慕名而来。

一对年轻恋人来到店里，也想品尝一下这远近闻名的小吃。店里的生意特别的好，客人很多，所以就和另一中年男子挤坐在一张桌子上吃。那男子点的灌汤包上桌后，便迫不及待地张口就咬。“哧”的一声，包子里的汤汁直喷向邻座的男青年，弄得他脸上、身上都是油腻的汁水，周围的服务员和顾客看到这样的情景不禁都捏了把汗，以为一场冲突不可避免。可是只见那中年男子若无其事，甚至连一声道歉都没有，仍自顾自地吃着小吃。

这时，男青年朝邻座人瞥了一眼，什么话也没有说，面不改色，只是低头吃自己的，并不管从他脸上流下来的汤汁。周围的人更担心了，以为暂时的沉默预示着更大的冲突。女友以为他忘记带手帕了，赶紧递上一块手帕，叫他擦擦。这时，男青年才抬头望望那不懂礼貌的中年人，叹了口气，说：“不擦了吧！他还有三个包子没吃呢，汤水还会飞过来的，现在擦了待会儿还是要脏的。等他吃完后再一起擦吧！”普普通通的几句话，窘得那中年男子脸红耳赤，连忙起身说“对不起”，周围的人也在笑声中放下了提起的心。

这里便是沉默引出幽默，从而达到目的的例子。如果一开始男青年便恶言相向，甚至破口大骂，那么最后两人肯定大打出手，周围人的担心也终将成为现实，而他却很好地运用了沉默，并不急匆匆地反击，因为这样的方法并不是最好的。他只是在沉默之后的言语中，让对方充分感觉到了自己的无礼，一场危机就这样巧妙地化解了。

还有一个关于德国作家歌德的小故事，也说明了这样一个道理：

有一次歌德出门旅行，走到一家饭馆里，要了一杯酒，本想看着窗外的美景，好好地享受一下这美好的时光。不想，旁边几个年轻人扫了歌德的兴致。他们大喊大叫，举着自己的酒杯不断地碰来碰去，全然不顾坐在旁边的歌德，只顾着他们自己的享乐。

歌德并没有阻止他们，他相信在这种时候，那几个年轻人什么也听不进去。他郑重其事地把杯子里的水倒进酒里面，然后津津有味地品尝起来。这时，旁边一个年轻人看到了歌德的举动，哈哈大笑起来，还对着他的同伴们说道：“看，这个人在酒里面掺水，实在太好笑了。”另一个年轻人问道：“亲爱的先生，请问您为什么将这么好的酒掺水呢？”

歌德早料到了他们的反应，冷冷地说：“光喝水使人变哑，你看看池塘里的水，不曾说过一句话；光喝酒呢，又容易使人变傻，你们几个人的表现正好说明了这点；我不愿做这两者，所以用酒掺水喝。”

那几个年轻人听出了歌德话里有话，也意识到了他们的吵闹行为影响了他人，都不好意思地安静了下来。

和开始的例子一样，歌德也是巧妙地先沉默一番，并不急于去表明自己的态度。我们也可以学习歌德的这种处事方式，恰当地运用这宝贵的沉默，也许就可以让你事半功倍。

用幽默之火，化尴尬之冰

先看下面的故事：

德国有位著名的霍夫曼将军，一次他到基地去视察军队建设情况，当地的一名军官为他准备了欢迎酒会，酒会的气氛十分融洽，大家都被霍夫曼将军的风度和才气所折服。在大家举杯同饮之后，一名下级军官来给将军斟酒，由于过于紧张，军官拿着酒瓶的手不小心抖了一下，把酒洒到将军的光头上去了。气氛顿时紧张起来，在场的军官和士兵都十分紧张，准备“迎接”将军的暴跳如雷，尤其是那名军官，更是愣在那里一句话都说不出来，埋着头，看都不敢看将军一眼。

霍夫曼将军看到了这样的情景，知道大家都以为他要发脾气了。他若无其事地从口袋里拿出手帕，把头上的酒擦了擦，笑着说：“小伙子，我这头发掉了都快20年了，什么方法都用过了，全没有用，不知道你这个法子行不行？不管怎样，还是先谢谢你啊！”说完大家哄笑起来，那名军官涨红的脸也终于恢复了原状，他向将军深深地鞠了一躬以示感谢，流着眼泪退了下去。这时，大厅里响起了一片热烈的掌声……

在社交场合中，我们总是会与一些尴尬的场景不期而遇，要怎么去处理呢？对于是任由事件左右自己还是做事件的主宰者的问题，很多人在这种时候往往就像个傻瓜似的站在那里，不知所措。其实在这种时候，你最需要的是冷静、机智和勇敢。尴尬就是只纸老虎，你只需要几句幽默的话语便可将它击得粉碎。就像上面的例子，小军官在将军面前犯下如此低级的错误，令将军的处境十分尴尬，当看到部下们的紧张情绪，将军巧妙地运用自己的幽默，不仅打破了尴尬的僵局，还在下属面前树立了极好的形象。

我想，很多职场上的朋友都碰到过下面的情况，想想你们自己会怎样处理呢？

小李带着自己4岁的儿子来办公室玩。这孩子机灵得很，十分淘气，对办公室的东西十分好奇，一会儿摸摸这个，一会儿玩玩那个，开心得不得了。

就在大家不注意时，他把书架上的花瓶给打破了。这下把小李给气的，他扬起手，不由分说就扇了孩子一巴掌。那声音比花瓶摔破的声音还要大，听得大家心疼不已，孩子也大声地哭了起来。小李可不顾那么多，扬起手又想再来一巴掌。同事们都看不下去了，纷纷出来劝小李。只见张姐“噌”地跳起来，指着小李的鼻子大声喊道：“你干吗打孩子，你的手怎么这么欠？”这一嗓子，同事们都愣住了！小李扬起的手也停在空中，呆呆地站在那里。张姐指着孩子接着说道：“你知道你这一巴掌作用有多大吗？要是你这孩子长大可以当天文学家，就可能被你这一巴掌打没了；如果你这孩子长大可以当经济学家，也可能被你这一巴掌给打没了！你该抽自己才对，一巴掌造成的损失这么大。”听到这里，同事们都哄笑起来，小李也忍不住笑了：“还经济学家呢，他要是有那么聪明就好了！张姐，你的嘴可真厉害啊！”

办公室的气氛又活跃了起来！

还是上面的问题，要是你碰到这种情况，会怎么处理呢？大部分情况你会跑上去劝住小李，又或是把他的孩子带开，这样可以缓解当时的气氛，但是能让小李消气吗？看看人家张姐，用不着动手，简简单单的几句话，就把小李给说乐了。我们真应该好好地学学。

还有一个故事就更有意思了：

那年有个文工团去欧洲表演，获得了观众极大的好评，不得不加演一场，于是这伙人便从巴黎乘飞机去伦敦再表演一场。

飞机马上就要起飞了，人们都已坐好，空姐一遍又一遍地重复了注意事项之后，也回到位子上坐了下来。

文工团的李兴突然想起自己的杂志还在刘宏那儿，便急着对刘宏说：“把杂志拿过来。”由于两人的位置隔得比较远，刘宏不能把杂志从大家头上丢过去，便解开安全带，把杂志送到李兴手里。

这一切正好被一名空姐看到，她带着一脸的怒气朝刘宏走过来。刘宏知道自己错了，因为起飞时不该离开座位，这很危险，于是他急忙向她道歉，可这名空姐根本听不进去，还是不依不饶地训斥着刘宏。刘宏的英语不太好，也听不懂她在说什么，倒也摆出一副无所谓的样子，但他突然听到了“China（中国）”的发音，觉得这是对中国人的侮辱，自己不能再沉默下去了，便气愤地伸出右手的大拇指和食指，做出一个开枪的动作。

空姐看到了他的动作，慌张的表情马上显露出来，扭头就朝驾驶室走去。很快，飞机的发动机熄火了，接着广播响了起来：“因为飞机上可能有人携带枪支，我们要停止飞行，进行检查。”

刘宏意识到自己的动作可能闯祸了。要知道，欧美飞机的安全措施是十分严格的，要是判定他有持枪的嫌疑就麻烦大了。很快，舱门一开就上来了四名警察，在那名空姐的带领下，警察来到了刘宏的面前，他们首先向四周的旅客取证，然后对刘宏说：“这位小姐指控你携带手枪！”

“你们的机场有安检，如果我身上有枪，我又是怎么登机的呢？”刘宏很快冷静下来，机智地反问。

警察见来者不善，考虑了一下，又换了一种说法：“那么，这位小姐怀疑你的神经有问题。”

“进入你们美国时，我持有健康检查证明。”刘宏回答得很平静。

警察也没有办法，回过头来劝说那名空姐，可是那位小姐还是不肯就此罢休，继续和警察说着什么。最后，警察又对刘宏说：“你刚才比画枪的手势对准这位小姐，现在她指控你侵犯人权！”

事已至此，光靠针锋相对已无济于事，刘宏也明白了这点。他笑了笑，说道："贵国尊重人权我早就知道，但是每个国家有每个国家不同的风俗习惯。在中国，大拇指代表"好"，是祝福的意思，加上食指，就是"八"字，八就是"发"，我这个手势是向她祝福，还是双层的祝福啊。"

警察听完后也笑了起来，扭过头去向那名空姐做了解释并安慰她，事情就这样结束了。

警察走了，舱门重新关闭，飞机飞上了蓝天。尽管那名空姐给刘宏发盒饭时还是余怒未消，但刘宏的心里却痛快多了，觉得就连窗外的景色都十分优美，也就不卑不亢，以礼相待了。

飞机平稳地降落在伦敦机场，乘客依次走出机舱的时候，飞机上的1名保安友好地向刘宏举起了手，做了一个"八"字的手势。

刘宏笑了，保安也笑了。

这便是幽默的力量，看似坚不可摧的尴尬，连重拳都无法击破，但是只要你动动脑子、动动舌头，便能轻松走出尴尬的困境。

面对恶言相向，不妨回马一枪

喜欢攻击别人的人，他们往往自以为是地站在道德的高点，摆出一副盛气凌人的样子，对别人横加指责，让自己的话不容辩解，然后一脸得意地看着对方的窘态，心中窃喜。其实，在面对这样的指责时，我们需要回马一枪，命中要害。

一开始的时候我们总是处于弱势，这就更需要在还击的时候注意气势，只有强势的还击才可以让对方认清我们坚决的态度。一个处于弱势的人在还击的时候如果没有了势，那剩下的就只有弱了。

在这方面，童年的东汉文学家孔融便给我们树立了很好的榜样。

冯梦龙的《古今谈概·机警部》中有一段记载孔融小时候的故事：

孔融10岁那年，随着父亲来到了洛阳。当时，正在桓帝手下担任司隶校尉（监察官）的李膺名声显赫，前来拜访的人只有显要人士和亲戚才能见到他。

孔融来到他家门前对役吏说："我是李府的亲戚。"他这才被放进去，坐到了李膺面前。

李膺问："你和我有什么亲戚关系？"

"有师生之谊，所以我和您是多少代以来的通家之谊啊。"

李膺问："你想吃点什么吗？"

孔融回答："要吃。"

李膺说："我来教你做客的礼貌，只能推辞，不能答应主人。"

孔融反唇相讥，说："我来教你当主人的礼貌，只管摆上食品，不要问客吃不吃。”

李膺感叹没办法，只好说：“可惜我快死了，不能看见你飞黄腾达的那一天了。”

孔融说：“您离死还早呢！”

李膺问他有什么根据，孔融回答：“‘人之将死，其言也善。’您刚才说的话就很不友善，所以还没有到死的时候。”

正巧，这时大夫陈韪也来了，听到这些话，他说：“小时聪明，长大就不一定杰出！”孔融回答：“想必您小时候一定聪明。”

在这个故事里，连番发难于孔融的李膺和陈韪也非等闲之辈，他们在看似平常的语句中暗藏杀机、绵里藏针。好在孔融机智过人，简洁有力的回击恰到好处。尤其是当大夫陈韪的那句“小时聪明，长大就不一定杰出”说出后，孔融毫不退缩地回击一句“想必您小时候一定聪明”，顿时让陈韪哑口无言，真是精彩至极。

著名诗人惠特曼也遇到过类似的情况，而且像他这样一个公众人物总是在公开场合被人发难，但他总是以他特有的略带攻击性的幽默进行还击。这种富有攻击性的幽默，让他在群众中的影响力更大。

有一次，惠特曼在一次大会上演讲，他用诙谐、幽默、锋芒毕露、铿锵有力的演讲获得了在场听众阵阵掌声。

忽然，台下有人大喊道：“惠特曼先生，您讲的笑话我不懂！”

“您莫非是长颈鹿？”那人话音刚落，惠特曼便感叹道，“只有长颈鹿才可能星期一划破了脚，到星期日才能感觉到疼！”

不少观众都窃笑起来。

“我应当提醒您，惠特曼先生，”那位观众不依不饶，挤到主席台前嚷道，“拿破仑有句名言：‘从伟大到可笑，只有一步之遥！’”

“不错，从伟大到可笑，只有一步之遥。”他边说边用手指着自己和那个人。

那位观众在大家的嘲笑声中狼狈地走出了会场。

他人的指责和非难，往往出乎我们的意料，总是如暴风雨般突然来袭，意图在我们没有准备的时候将我们打倒。这时，我们就应该像惠特曼那样，绝不含糊地给对方最致命的反击。

如果反击的方式不合理，不仅不能命中对方要害，自己的利益得不到维护，还可能给旁观者留下狗急跳墙、垂死挣扎的印象。所以，我们在遇到这样的情况时，应该像孔融和惠特曼一样，不仅不忍让不退缩，还要以更强势的态度进行有力的回击，让发难者无处可逃、自食其果。

面对圈套，先让对方骄傲

我们常说有些人喜欢攻击别人，这样的人明枪明炮的倒还好还击，我们抓住机会狠狠地回击便是了，但是还有些人，他们自以为有些小聪明，在为难我们的时候还来个小圈套，让我们不知不觉地陷入圈套里不能自拔。其实，我们不要害怕这样的人，他不是很得意自己的小聪明吗？那么我们就先让他骄傲自大起来，毕竟，得意忘形的人防守能力是很弱的。

有位为人刁难、极为虚荣的富太太，她总是仗着自己的财富欺负别人。这天，她上街购物时看见一个衣衫破烂的小乞丐，她的坏主意又上来了，想拿他开心取乐，便对那个乞丐说：“我们有钱人的宠物都比你们穷人的命好啊！这样吧，你叫我的狗一声‘爸爸’，我便给你10元钱。”

小乞丐知道眼前的这位富太太想侮辱他。他眉头一紧，眼珠一转，突然像是想到了什么好主意似的，便开心地说道：“喊一声给10元钱，要是喊10声呢？”

“那当然给100元了。”富太太见自己的小计得逞，愈发地开心起来，头也抬得更高了。

小乞丐躬下身去，抚摸了一下狗的毛，然后认认真真地喊了起来：“爸爸！”

周围看热闹的人都聚了过来，想看看发生了什么情况。富太太这下开心得不得了，她极力地向周围的人说着情况，生怕别人不知道，还郑重其事地把10元钱塞到小乞丐手里。

小乞丐也不顾人多，一句接一句地叫了起来，一直喊了10句才停下来。富太太妖里妖气地笑了一阵，按照开始的约定给了小乞丐100元。

这时，周围看热闹的人更多了，他们都对着小乞丐指指点点，脸上露出不屑的表情。

小乞丐看了看周围的情况，故意提高嗓门，对着富太太喊了声“妈妈”，好让周围的人都听得见，然后恭恭敬敬地对着她鞠了一躬。

周围的人都大笑起来。

小乞丐人小但是脑子好使，面对着富太太的刁难，本来处于弱势的他几乎没有胜算，何况这位富太太的手法还略带些小聪明，换作一般人都不知道该怎么去应对了。倒是小乞丐这个方法最好，明知对方的圈套，还故意跳了进去，对方自然得意忘形，而这个时候你突然反击，真可谓防不胜防！

下面这个故事听过的人就更多了：

阿凡提在市区开了一个染坊，由于手艺好，为人也和善，生意非常兴旺，街上的人都把自己的布拿来染。有一个叫巴依的人，满肚子坏水，看见阿凡提的生意这样好，心里嫉妒得不得了，总想着能有一天刁难阿凡提一下，让他的店开不下去。

有一天，巴依也“好心好意”地拿了一匹布来让阿凡提染。

“您要染什么颜色啊！”看到有不速之客到来，阿凡提也觉得意外。

“我要染的颜色非常普通，它不是绿的，它不是白的，它不是黑的，它不是蓝的，它不是红的，它也不是青的。总之，它不是您平常看到的颜色。都说您染色的手艺高，您不会染不出来吧？”

“没有问题！”阿凡提已经明白了对方的意图，他边说边把布锁进柜子。

“那我什么时候来取呢？”巴依见阿凡提上钩了，暗自开心得不得了。

“您到那一天来取吧！那一天不是星期一，不是星期二，不是星期三，不是星期四，不是星期五，不是星期六，也不是星期日。”

巴依愣在那里一句话也说不出来。

巴依自负地以为能凭借着自己的一点小聪明可以把阿凡提难倒，不想阿凡提不动声色地给他好好上了一课。

在生活中，我们不能做巴依，但是在遇到巴依这样的人的时候，我们也应该学习阿凡提的方法，先让对方骄傲，再攻其不备。

没有防守，何来进攻

足球王国巴西向来崇尚一句格言“进攻是最好的防守”，这句话把巴西足球那种崇尚进攻、忽视防守的特点表露无疑。好在巴西是个盛产前锋的国度，因此，在足球场上总能处于不败的地位。常言道“进球就是一瞬间的事”，但是丢球也就是一瞬间的事，所以说，在足球场上还是扎扎实实地做好防守最重要，因为没有防守，何来进攻？

和别人说话就像一场足球赛，尤其是辩论的时候，这种时候往往触及自身的利益，谁也不肯退步，因为没有人愿意输！所以，在这种事上想要立足于不败之地，便要把防守工作做到位。我们来看下面的故事：

爱尔兰剧作家、小说家萧伯纳的一部新剧本打算公演，为了表示庆祝，他特地给英国政治家丘吉尔发了一封电报，邀请他前来观看：“今特为阁下预留戏票数张，敬请光临指教，并欢迎您带友人来，如果您还有朋友的话。”

众所周知，丘吉尔因为政见独特，为人原则性特别强，所以朋友比较少。萧伯纳抓住这个特点，狠狠地调侃了一番。

丘吉尔看过电报后，并不生气。他命令手下立即复电：“鄙人因故不能参加首场公演，拟参加第二场公演，如果您的剧本能公演两场的话。”

难以想象萧伯纳接到电报后会有怎样的想法。他本来想借这个机会调侃丘吉尔一番，丘吉尔也不是等闲之辈啊，不仅没有不知所措，反而在回复里也巧妙地调侃了萧伯纳一把，一来一去，也没有落得半点下风。

防守得好，可以让对方无计可施，不知从哪儿下手，顿时便垂头丧气，这时的你只要稍加回击，便能让对方溃不成军。

话说，一个人留了很长的胡须，周围的人也都习惯了他这个形象。一天，他忽然把胡子刮得一干二净，形象彻底改变了。早上走出家门，他的邻居看见了，顿时觉得奇怪，不解地问道：“你的胡子已经留了好多年了，干吗突然剃掉啊？”

这人觉得好笑，自己的胡子剃了也就剃了，哪有那么多的理由，再说这和别人有什么关系。想了一会儿，他没有直接说出来，而是像煞有介事地说道：“对面的一家人昨天生了个胖小子你知道吧？”

“你这人挺好玩的，别人生了小孩关你什么事啊，你干吗把胡子剃了？”邻居觉得很荒唐。

“既然别人生了小孩不关我的事，那我剃了胡子也不关你的事啊！”

他的邻居听了，也说不出话来。

出于关心也好，好奇也罢，邻居的问题问得的确过于无理由，倘若你如实地去反问他，反倒弄得邻里间不开心。而像这个故事里的主人公一样，巧妙地指出对方问题里的问题，既避免了自己的有口难言，又把问题说得清清楚楚。

在与人交往的时候，我们也要先做好防守，以防止被别人逼入不利的局面，然后自己才能站在有利的位置，把问题说得清清楚楚。

切记，有理才能反击

有位年轻漂亮的姑娘嫁给了一位风烛残年的老头，不过这老头是个亿万富翁。这样的婚姻在世人眼中往往得不到好的祝福，因为别人会觉得这只是金钱婚姻。

这位姑娘的很多朋友不解，便问她："你这么年轻漂亮，干吗要嫁给那样一个糟老头？"

这位姑娘反问道："给你一张支票，你会在乎它的新旧吗？"

也许很多人会觉得这位姑娘在辩解，其实不然。婚姻是爱情的产物，所谓"大爱无疆"，每个人都有自己选择的权利，何必总是用着世俗的眼光去解读呢？这位姑娘在这种时候向这些人解释什么是真爱也是徒劳，不如就着他们的说法给他们答案，仿佛在反问："这样的答案你们满意吗？"

在别人的话让你很不舒服，惹得你很想反击的时候，你应该像做化学实验那样把对方的话进行一下分析：将话语的成分好好地分一下类，看看多少是批评，多少是嘲笑，又有多少是揶揄。有了这样的考虑后，你再选择回击的方式，若对方是出于善意的批评，即使言语过于激烈，你也应该先反思自己的行为，看看对方说的话是不是在理。如果真的是自己不对，你就应该改正，还要好好地感谢对方，但如果对方是恶意的攻击或调侃，那么你就不能示弱了，应该强硬地反击回去。

前不久在白宫发生的"蹭饭夫妇"事件让人们对白宫的安保情况很担心，舆论矛头直指美国特勤局主管马克·苏利文。白宫保卫处也明显感觉到了压力，不过这位主管却在一次公开讲话中很好地为自己辩解了一番。他说道：“就我局去年对有关白宫的120万来访者的视频监控以及和总统、副总统及其他人相关的一万处地点的安全保护的工作情况来讲，我们做得还不够好。”他的这一番话成功地将人们的注意力转移到自己繁重枯燥的工作上，并有意地提到这两个巨大的数字也是让人们对他的工作量有了直观的认识。当人们知道了他所率领的小组的工作是如此的繁重和无聊时，也会原谅他这次一时的疏忽。

这位主管不仅没有道歉，还很好地证明了自己的清白，也使得他最终没有落下个辩解的罪名，我想其最大的原因是因为在如此繁重的工作下，犯一点点错误也是人之常情的。

判断是否该反击的标准就是个“理”字了，如果你真的没有理，那么你的还击便是狡辩了。一个对自己错误百般狡辩的人总是得不到大家的信任，是因为每个人都会把狡辩和死不认错、小心眼、虚伪联系起来。如果你经常在别人面前百般狡辩，那么这些“死不认错、小心眼、虚伪”的帽子便很自然地扣在你的头上。所以说，在还击中是否有理是很重要的一个因素，这可以直接决定你说话的性质和别人对你的印象。俗话说，有理不在声高。倘若无理，喊破嗓子也是没有用的。

5

金盔铁甲不如铁齿铜牙

现代社会，人们越来越没有安全感，骑车要戴安全帽，开车要系安全带。人们恨不得用金盔铁甲把自己武装起来。而金盔铁甲却不能保护我们的内心不受伤害，如果要让我们的内心不受伤害，就需要用铁齿铜牙来武装自己。

舌头虽小，其力无穷

“舌头虽小，但可以毁掉一座城市。”这是句著名的意大利谚语，意思是告诉我们虽然舌头很小，但千万别低估了它的作用。

中国古话里的一句“三寸不烂之舌”说得很贴切，短短三寸的舌头即使在人类器官中也不算大，就是这“不烂”的舌头，却能爆发出极大的力量。

看到这里，可能许多“行动派”的朋友会露出鄙夷的眼神。他们认为只有实际行动才能给事情带来质的变化，而所谓的口才、幽默，只不过是嚼嚼舌根，没有作用不说，也实在难登大雅之堂，要想发挥作用，还得靠实际的行动才行。

看过《三国演义》的人应该对里面《舌战群儒》的故事印象十分深刻。应该没有人会否认这场辩论在小说中的作用吧？以当时的情形，在那场辩论中，辩论的双方都不是等闲之辈，各种辩论方法运用娴熟，举例论证、比喻论证、引言论证、对比论证、归谬反驳、反唇相讥等等，比比皆是。诸葛亮则更以他渊博的知识、超群的见解、雄辩的才能以一当十，以少胜多，取得了这场辩论的胜利，从而为刘备与东吴的联合奠定了基础，为后来的三足鼎立提供了可能性。

正是诸葛亮运用自己的三寸不烂之舌赢得了这场辩论，在历史上留下了浓重的一笔，才改变了整个历史的进程。不知道“行动派”的朋友在看了这个故事后做何感想，如果你们还是在为自己的立场辩解，说这些都是古代的事了，在现代科技社会口才的作用会大大减少的话，那么你们再看看下面的例子吧！

西安事变发生后，周恩来率中共代表团到达西安。当时东北军内“杀蒋”的呼声很高，尤其是中下级军官。我党提出的“不杀蒋，和平解决西安事变”

的主张很多人不理解，有的人还扬言要闹事。

一天上午，周恩来刚回到寓所，一名剽悍的青年军官闯进来，操着浓重的东北口音，生硬地说："周代表，我受王曲军官训练团全体军人委托，敬请您去王曲赴会。"周恩来微笑地接过请帖看了看，欣然说："非常感谢你们的邀请，届时我一定前往。"代表团随行人员见周副主席接受了邀请，十分着急。因为王曲军官训练团尽是些血气方刚的青年，鲁莽得很，什么事都干得出来，到那里去太危险。有人主张带一队战士保护他，周副主席笑笑说："不，我一个人去，去说服。"当周副主席只身一人走下汽车时，王曲军官学校从门口到礼堂间的大道旁，挤满了全副武装的军官，一个个横眉立目、怒气冲冲，摆出一副吵架寻事的架势。这气氛较之两千多年前的鸿门宴，真是有过之无不及！

周副主席从容自若地穿过两旁站满愤怒的军官的甬道，面带微笑，丝毫不介意。他登上礼堂讲台，礼貌地问候罢，随和地说："我今天来贵校，是要听听诸位意见的，希望大家不要拘束。'天下兴亡，匹夫有责'，何况我们是爱国军人！"

台下有人大声问："蒋介石丧权辱国、罪大恶极，为什么不杀？"

周副主席没有立即回答，他只是接过话茬，说："这个问题提得好！"话匣子打开了，青年军官们把心中要说的话全倒出来了："不杀他，捉他干什么？""不杀蒋介石，后患无穷！""不杀不足以平民愤！"直到大家几乎把话说尽时，周副主席才大声地说："要杀，这有什么困难？一句话就行了！"出乎意料的回答，一下子使全场的人都怔住了。周副主席没有继续讲杀不杀的问题，话锋一转，讲明了西安事变以后国内外的政治军事形势。

"诸位，在这种形势下，是杀好呢，还是不杀好呢？"他讲完形势后，很自然地回到了原来的题目。他说："杀了一个蒋介石，就会出来一个何介石、李介石。这个何介石呀，他一上台，就会公开与日本人勾结在一起，来攻打西安，内战就会继续，中国就会灭亡。如果不杀呢，现在蒋介石在我们手里，我们就可以逼他抗日。前一晌何应钦不是派飞机轰炸西安吗？我们逼蒋介石写了张条子，这几天不是安宁了吗？看来蒋介石多少还有点用处，所以还是不杀得好！”

周副主席把道理讲得明明白白，广大青年军官心里的疑团一个个都解开了，但有的人还是想不通。那名送信的剽悍青年军官质问道：“你们共产党一向是主张反蒋抗日的，为什么现在变了？”

“你的意思是说，我们和蒋介石打了10年仗，势不两立，为什么不趁机报仇，处置了他，是吗？”周副主席温和地反问道。“对，就是这意思。”“好，我来回答你的问题。”周副主席用深沉的语调说：“我们红军有位将军，叫徐海东，他全家36口人哪，除了他，35口全叫蒋介石杀害了。很惨啊！他的这个仇是够深的了吧？可是，这次他还是主张不杀蒋介石。为什么呢？因为他是共产党员，对共产党员来讲，民族和国家的利益高于一切。”

这时，全场的军人都感动了，随之爆发了一阵热烈的掌声！那名青年军官分开人群，奔上前来，给周副主席行了一个军礼，说道：“周代表，你们共产党不念旧仇，以国家民族利益为重，兄弟我打心眼里佩服！”

军官们的心里彻底明亮了，由衷地高呼起“赞成中共的主张！”“拥护张、杨的决定！”等口号来。

应该也没有人会否认西安事变的和平解决对当时中国的积极影响吧。周总理在处理过程中所发挥的作用也是妇孺皆知。在上面的故事里，周总理高瞻远瞩，不仅想到了事情妥善解决的方法，还有力地说服了其他人，让整个事件得到了最圆满的解决。

这便是口才的力量，它不仅可以毁灭一座城市，还能拯救一个国家、一个民族。

有口才，何必怕演讲

先摘录几段李敖演讲的精彩片段给大家欣赏一下：

“刚才被美女抱了一下，浑身发热，我可以脱外衣吗？你们各位也可以宽衣，因为这屋好像热了一点，不要客气，不要见怪。”

“大家说我演讲时的掌声没有连战多，那是因为我讲得太精彩了，你们都来不及鼓掌了。”

“我演讲很多次，最怕这种讲堂，因为它是个半圆形的，我要照顾到台下的每一个人，头要从左转到右，从右转到左，觉得自己像个电风扇。报告刘老板，讲到目前为止还安全吗？”

“前天晚上我编了一个故事，北京大学一个女孩子进了一个小房间，突然看到一个男的嘴巴里面念念有词，来回走动，这个女孩子就问他：‘你在干吗？’他回答：‘我在背演讲稿。’女孩子问：‘你在哪儿演讲？’他说：‘我要在北京大学演讲。’女孩子问：‘你紧张吗？’他说：‘我不紧张。’女孩子说：‘如果不紧张你到女厕所来干什么？’”

通过这些片段，我们可以感受到李敖的演讲幽默精彩，总是能紧紧抓住听众的心思，让听众随着他的言语时而大笑、时而沉思。这便是演讲的魅力，不得不让人佩服。

当年他的大陆之行，也算是文化界的一件大事。他没有让大家失望，在高校的连续几场精彩演讲，让大家在领略到他的才情的同时，也对他的学术和思想感到深深的敬佩。

也许你还是个害怕演讲的人。每次碰到领导或是老师叫你上台讲几句，你便紧张得满脸通红，半天也憋不出一句话，或是说了一大堆，下面的人却不知道你在说什么。

没关系，那么下面就告诉你一些提升自己演讲魅力的技巧：

1.幽默让共鸣更强烈

演讲者独自站在主席台上，下面的观众则像欣赏文艺作品般等着演讲者的演讲。表面看来，演讲者和观众之间的确有不小的距离，想要消除这种距离，幽默便是最有效的方法了。一个演讲者在自己的话语里加入些幽默的成分，便会让观众在大笑中和自己靠得更近。上面李敖的演讲便是这样，他不仅在开始的时候就说了个笑话，而且在演讲过程中还时不时地幽默一把，观众被他逗得大笑不已。就在这样的笑声中，李敖更容易向台下的人表达自己的观点，也让自己的演讲成为一次成功的演出。

演讲中的幽默应该和主题相关。不要只是为了博取观众的笑声而加入不相干的笑话，这样大家的注意力会在笑声落下时离开。如果能切合主题地来点幽默，在笑声中适当地切入主题，这样大家的注意力就会一直在你的把握之中了。

2.用真诚打动听众

感人心者，莫先乎情。唯有炽热的情感，才会使“快者掀髯，愤者扼腕，悲者掩泣，羡者色飞”。演讲中如若能用真诚打动听众，就能让听众受到强烈的心灵震撼。

一个演讲者如果讲话华而不实，只追求外表漂亮，开出的只能是无果之花。若演讲者缺乏真挚而热烈的情感，只是用“人工合成”的感情，虽然能欺骗听众的耳朵，却永远骗取不了听众的心，因为心弦是不会随随便便地让人拨动的。若要使人动心，必先使己动情。著名演讲家李燕杰说：“在演讲和一切艺术活动中，唯真情，才能使人怒；唯真情，才能使人怜；唯真情，才能使人笑；唯真情，才能使听众信服。”可见，真情是演讲最好的技巧。

一天，有一位在美国独立战争时阵亡兵士的遗孀——一位年迈的寡妇，蹒跚地走到林肯的律师事务所，泣诉某位政府行政官员在她领取400元抚恤金时，竟苛索她200元的手续费，林肯听罢勃然大怒，决定立刻对那位行政官员提起诉讼。

为了到法庭上能辩论胜利，他在做准备时，特别读了华盛顿的传记和美国独立战争史。到了开庭那天，他先追述当初由于美国人民因受到压迫而激起了爱国志士对民族的热情，乃群起为自由而战。他描述了他们所经历的艰难困苦，及如何克服天气严寒，走过冰天雪地的广大地区，然后他突然怒责那位行政官员，痛斥他竟敢剥削当年为国捐躯的一位兵士遗孀的半数抚恤金。

他目光怒视着那位被告，全身激动，几乎想剥了那位行政官员的皮。在诉讼辩论即将结束时，他大声疾呼：“时代向前迈进，1776年的英雄已经死去，他们被安顿在另一世界。在座的证人、先生们，那位兵士已经安逝长眠，而现在他那年老、衰弱、又跛又盲、贫困无依的遗孀却来到你我的面前，请求为她求取公平，请求同情的帮助与人道的保护，我们这些享受革命先烈争取到的自由的人是否应该援助她呢？”

林肯说这一番话之时，不仅感动了在场的法官，陪审人员眼中也含了泪，他们一致认为那老妇人所应得的养老金分文也不能少给。诉讼得到了完全的胜利。

在演讲中，唯有真诚的情感，才能产生巨大的影响，才能唤起群众的热诚，才有震撼人心的力量。美国有位小说家说得好：“热情是每个艺术家的秘诀，而每位演讲家都应当是一位艺术家。这是一个公开的秘诀。这如同英雄的本领一样，是不能拿假武器去冒充的。”情不深，则无以能惊心动魄，无以得到别人赞同。

演讲者在表达自己的真情实感时，必须能够平等待人、虚怀若谷，说出的话语才能如滋润万物的甘露，点点滴入听众的心田。而居高临下、盛气凌人、眼睛向上、把自己打扮成上帝、以教育者姿态自居的人，是无法和听众交心，也无法打动听众的。

3.优雅端庄，为演讲加分

良好的礼仪和风度能够真正地从心里打动听众。演讲若想吸引听众的注意，必须要用恰当而又得体的礼仪，才能真正打动听众，真正征服听众的心。

演讲者要想真正吸引听众，一定要有良好的气质风度和优雅礼仪。一个人的气质和风度不是天生的，而是靠后天培养的。

尼克松在其著作《领导者》一书中，有一段对1954年6月英国首相丘吉尔访美的描写："飞机机门打开了，过了一会儿，丘吉尔独自出现在舷梯顶部，头上戴着一顶珍珠灰的汉堡帽……他的助手们在他身后手忙脚乱地搀扶他，准备走下舷梯。他迅速地向下面扫视了一眼。当他看到欢迎的人群和许多照相机镜头时，便立即拒绝了任何人的帮助。

"他拄着手杖，开始缓慢地走下舷梯，径直朝着照相机镜头和话筒走去，开始发表抵达演讲……演讲结束，人们报以热烈的掌声。他亮了亮他那表示胜利的V字形手势，然后大步走向那辆黑色林肯牌敞篷汽车……"

事后尼克松回忆道，他很惊奇这位不久前患了中风、刚刚从横跨大西洋飞了一夜的飞机上下来的79岁的老人竟能如此注重自己的礼仪和形象。

科学家的研究显示，人们接受信息更多地来自视觉形象。所以，演讲者的姿态和动作代表了他的形象，它作为一种非语言沟通的方式，有着积极的意义：它能辅助有声语言更准确、更有效地表情达意；它也能使听众形成一种动态的印象，从而引起注意，减少由于单调而带来的疲倦。

演讲中若想保持优雅的礼仪，一般来说应该在以下几个方面多加注意：

从站立的姿势看，一般提倡丁字步：两腿略微分开，前后略有交叉，身体的重心放在一只腿上，另一只则起平衡作用。这样不会显得呆板，既便于站稳，也便于移动。

手势的运用在演讲中也起着非常重要的作用，能达到语言代替不了的效果。而手势的运用是否恰当，将会直接影响到演讲的效果。手势在演讲中的运用有多种复杂的含义：手向上、向前、向内往往表达希望、成功、肯定等积极意义的内容；手向下、向后、向外，往往表达批判、蔑视、否定等消极意义的内容。所以，手势的运用要注意适当有节制。

令人眼花缭乱的手势只能显露出自己的慌乱，别无任何意义。不要以为把手呆板着不动是可笑的，世界上最可笑的是说话时无节制地挥动手臂。另外也有人认为，有说服力的手势是根据演讲中带有情感的声音而定的，如果演讲者一开始就频繁地运用手势，那就会使人厌烦，手势也就丧失了效果。

此外还要注意的是，演讲者的服装衣饰对演讲效果也有一定的影响。俗话说，人靠衣裳马靠鞍。演讲者的服饰，对树立演讲者的形象起着重要的作用。

服装过于随便，不仅会破坏演讲者在听众心目中的形象，而且听众也会觉得你不礼貌，不尊重他们，演讲的效果自然不会好。

演讲中应注意适当的礼仪和细节，适当的举止和良好的礼仪能为你的演讲增辉不少。

4.妙用名言警句

名言和警句是对生活哲理的概括，一方面反映出人对生活的认识，另一方面也反映出人对生活的态度。一个没有生活体验的人是无法恰如其分地使用名言和警句的。

一句触动心弦的话，可能会改变一个人一生的命运；一条恰到好处的名言警句，会为一场精彩的演讲起到锦上添花的作用。

演讲是对一个人的口才全面和综合的考验，巧用名言警句能为演讲增色不少。

在演讲中引用名言是利用了人们崇拜名人的心理，而且，名言一般精粹洗练、寓意深刻，充满着丰富的哲理和激情，能起到画龙点睛的作用。陆机在《文赋》中说：“立片言而居要，乃一篇之警策。”也就是说，在文章的关键处要用一句或几句警句来点明题旨，是最容易打动人的。

但是要切记，使用名言和警句应该从演讲中的人、物、事中自然而然地引出，要运用得当，不能为讲名言警句而讲名言警句，卖弄学问，这样就显得做作了。

名言的运用，只有经过自己的思索并化为有血有肉的东西，才能显出勃勃生气，才可以给演讲增辉，引用不贴切反而容易给人留下哗众取宠的印象。

名言警句对深化演讲主题有重要的作用，但在演讲中引用名言警句应该注意以下几个方面：

要引用原文，不要以讹传讹；

要全面领会原文，不要把意思弄反；

要证明原文是谁说的，不要张冠李戴；

少用“据权威人士说”；

引用受欢迎的名人的话；

引用当地名人的话；

引用有资格讲此话的人所说的话。

同名言警句一样，寓言典故也是言简意赅、内涵深刻。在相同的境况下，运用寓言和典故也是很有说服力的。

古人常用寓言表述自己的观点。梁惠王曾问孟子：“我对治理国家可谓费尽心机，邻国没有一个君主像我这样对待百姓的，为什么邻国的百姓不见少，我的百姓不见多呢？”

孟子说：“大王喜爱战争，让我用战争做比喻吧。两军交战的时候，有两个士兵弃甲而逃，一个跑了五十步就停下来了，另一个跑了一百步才停下来，因为自己只跑了五十步就笑话跑了一百步的人对不对呢？”

梁惠王说：“不对，跑五十步也是逃跑呀！”

孟子说：“大王如果懂得了这个道理，那就不要希望你的百姓增加了。”

孟子在这里批评梁惠王的意图已经很明显了，意即梁惠王的政绩与别的国王没有什么大差别，老百姓在哪里都是一样的。

英国有一位爵士，在某次晚宴上发表了一场轻松的演讲。他在结尾说道："你们回去之后，给我寄一张明信片。即使你们不寄的话，我也要给你们每位寄一张，而且你们很容易猜到是我寄的，因为我在上面不贴邮票，（众笑声）我将在上面写着：季节自来自去，万物按时凋零，唯有那——我对你们的仁爱，永远像鲜花般艳丽芬芳。"

用一首诗来结束这场轻松欢快的演讲，别有情趣，增添了宴会的欢乐，也增进了宾主间的友谊。但若一场严肃的演讲结尾也引用这首诗，就会不伦不类，适得其反。所以，在演讲中引用名人的话、古今的格言、诗词佳句时一定要用得恰当。

演讲中的语言表达，适当运用名言警句能起到画龙点睛和锦上添花的作用，因而也能赢得听众的青睐，让他们喜爱你的演讲。

希望这篇文章对你的演讲有一些帮助。在以后的生活中，演讲定能成为你展现风采的舞台，给你的前进带来极大的力量。

结尾好，演讲才成功

在上一篇文章里，我主要说了演讲的一些技巧，对于演讲这样一种和语言有着直接关系的活动，其和口才的联系可谓千丝万缕，而幽默又是口才必备的条件。因此，在这一节里，我还想说说演讲里另一个极为重要的环节——结尾。

很多人只知道开场的重要性，却忽视了结尾，这样你的演讲很有可能虎头蛇尾。中国人注重“行百里者半九十”，而在演讲里近乎是“行百里者半一百”，只要最后一句没有说好，你的演讲就不能算成功。

演讲的结尾如同演讲的开端一样关键，是评判演讲是否成功的主要因素之一，是判断演讲者水平的关键要素。这是因为：其一，结尾最难说得很巧妙；其二，演讲的结语可以圆满地结束整个演讲，使听众把整场演讲所表达的思想组织在一起，架筑整场演讲的结构，最后再抓住演讲的主旨和关键。

何时该结束演讲，自然因题、因地、因时而异，但有一点绝对不可忘记，即要时刻注意听众的情绪。当听众渴望你继续讲下去时，你多讲他们也不感到厌烦；而当听众不断看手表时，想必心思已飘到别处，已经不想再听下去，再讲又有什么意义呢？那就应该选择一个适当的时机，赶紧就此打住，下个结论。

可是很多演讲者由于准备不充分总是草草就结尾了，破坏了整场演讲的效果。历代极成功的演讲家如戴尔·卡耐基、孙中山等人，都觉得应当把演讲的结语写下来，并记清楚那些字句。初次演讲的人更应如此，他应该很清楚地写下该用怎样的语句做结束，并在演讲前把结语温习数遍。在每次温习时，措辞可不必雷同，只要意思达到就可以了。

一篇演讲稿，在演讲之时往往有很大的变更，需要在原演讲词的基础上加以删修，以适合未能预料的变化。所以，若能事先预备两三个不同的结语，将更完美，假如这一个不适用，另一个也许可以。

怎样准备结语，使演讲圆满地结束，以下几点建议或许对您有用：

1.明确地概括全文要点

擅长演讲的人即使在三五分钟之内，也常常能讲出许多见解，这些见解涉及相关的一些事情。相反，有的人演讲结束后，听众还是摸不清他到底主要讲了几个问题。

还有的演讲者以为，他该讲的都讲了，听众应该把他说的要点都印在脑子里了，和自己一样清楚明白了。实际上则不然，因为，演讲者对自己所要说的话思考过很多遍，而听众在听讲前，对这个看法完全是陌生的，演讲者若不明确地把要点列举出来，他们一下子哪能像演讲者一样清楚呢？

卡耐基曾为演讲词结构拟定了这样一个模式：开端——告诉听众，你将要谈什么问题；中间——详细谈这些问题；结尾——把所谈的问题简明地概括一下，做个总结。

2.以热情洋溢的话作为结束语

在某些演讲中，可以用热情洋溢的话称颂听众，提出希望，作为结尾。

例如，有位钢铁大王的助手在美国纽约宾夕法尼亚州协会演讲中最后说：“我们伟大的宾州应该领导促进新时代的降临。宾州是出产钢铁最多的区域，是世界最大铁路公司之母，是美国第三大农业州，再没有其他州比它更能带动全美经济发展的了。”他最后的几句话使听众感到高兴、乐观，因而燃起了他们的热情。

但是这种结束方法若想有效，态度必须诚恳，不要谄媚，不可过分，若不够诚恳，不是发自内心，将显得虚伪，听众便不会真心接受。

3.幽默的结束

有人说过：“当你说再见的时候，要使人们笑。”假如你有能力这样做，并且有丰富的演讲材料，那好极了！但是怎么做呢？每个人都应当按自己特有的方式去做。

有个叫路易·乔治的教士，在为约翰·维斯雷重修坟墓的严肃仪式上，面对着众多公理会教徒发表的演讲就是这方面的范例：

“我很高兴你们愿意动手来帮忙重修他的坟墓。他是应该受尊崇的。他是一位极度憎恶不整洁的人。我曾听他说过这样的话：‘永远不要让任何人看见一个衣衫褴褛的公理会教徒。’正是因为他的努力，所以你们永远不会看见一个这样的人。（笑声）

“假如你们竟让他的坟墓残破不堪，那真的是故意和他作对了。你们还记得当他走过一间住宅时，一个小女孩跑到门口向他喊道‘上帝保佑你，维斯雷先生’时他是怎样回答的吗？他答道：‘年轻的女孩，如果你的脸和围裙再干净点，你的祝福将更有价值。’（笑声）

“这便是他对于不整洁的厌恶感觉，不要让他的坟墓不整洁啊！假如他的灵魂经过此地，看见坟墓不整洁，将会比任何事更令他伤心。务必好好地看护它，这是一座值得纪念和尊崇的坟墓，这是你们的责任。”在场的所有人都欢呼起来。

4.降升法

降升法是结束演讲最普遍的方法，不过这种方法并不适合所有题材的演讲，但若能用得适当，将非常有声势，语气一句比一句重、一句比一句有力量。林肯在以“尼亚加拉瀑布”为题材的那篇演讲稿中，就使用了降升法。

他以哥伦布、耶稣、摩西、亚当等生活的年代，与尼亚加拉瀑布一一相比，且例证一个比一个有力量。

“这要推到无限的久远，当哥伦布最初发现这块大陆，当耶稣基督被钉在十字架上，当摩西率领以色列人渡过红海，啊，甚至亚当从救世主的手里出生，从那时到现在，尼亚加拉就在这里怒吼。一个古代巨人的眼睛像现今我们人类的眼睛一样，曾看见过尼亚加拉。

“与第一代人种同时代，甚至比人类的第一个始祖还老，一万年前的尼亚加拉和现在是同样的‘朝气蓬勃’。我们见到过那巨大骨骼的前世巨象、爬虫，它们也曾见过尼亚加拉——从那样久远的年代起，尼亚加拉从未静止，从未枯竭，从未睡去，从未休息。”

5.情感结束

充满感情的结束，最能打动听众的心，是一种非常完美的结尾。

威尔士亲王在加拿大帝国俱乐部所发表的一篇演讲的结尾就是以真挚的情感结束的：“诸位，我恐怕已经离题太远，讲太多关于我自己的话了，但是我很荣幸地向今天到场的听众们说出我的使命和责任，我只能向诸位担保，我一定努力去完成我的重大责任，以期不负各位的重托。”

“逃避”也不错，何必针锋相对

勇敢面对是解决问题的积极态度，但是偶尔回避、逃跑的做法，若运用到口才中也会对我们有很大的帮助。

很多人可能会不解地问：“逃避怎么能是好的方法呢？很多的口才书籍以及口才培训的教材上都写着诸如遇到困难不要逃避、要勇敢面对之类的话，那这里你把逃避当作一个好的方法，又该怎么解释呢？”

呵呵，你们不要急，听我慢慢说来：

逃避，简单来说就是不去正面回应。要知道，很多无聊的人就是喜欢搬弄是非，以调侃揶揄别人为乐。要是你越把他们当回事，他们便越激动，甚至会把这当成一种表演。要是把这类人的表演欲望挑逗起来了，那么他们就越难对付了。所以，在你觉得一些问题很无聊的时候，不妨干脆不要去理他们，对方摆出一副要和你决斗到底的气势，而你淡淡地不做出回应，让对方自讨没趣，不和你玩了，看对方还神气什么。

当然，这只是简单意义上的逃避。逃避还有层更深的意思，便是不去正面地迎接挑战，故意避开锋芒，避开对方最尖利的部分，寻求别的突破口。

有个十分小气的人，全村都知道他喜欢占小便宜。有一年冬天，他买了一尺布，找裁缝去做帽子。那裁缝也对他的秉性略知一二，在帮他量了量头围后，说：“好的，布够了，你过些天来拿便是了。”他走出门，心里琢磨着：“布够了？哼，这个裁缝肯定在骗人，他会把多出来的布再卖给别人。布肯定是多的！”于是他转回去问裁缝，裁缝说：“是多了一点。”他又问：“多的布能不能再做一顶？”裁缝见他贪小便宜的毛病又犯了，只好笑着说：“当然可以啊！”

这次，此人高兴地走出门，但没走多久他又在想：“当然可以？恐怕还有多的，不然他怎么这么爽快呢！”他越想越不对劲，就又转回去问裁缝：“做三顶帽子够不够？”那裁缝见他这样，的确是没有办法，只好说道：“只要你愿意，做十顶都可以！”他一听，高兴得不得了，问：“十顶帽子都能戴在头上吗？”裁缝答道：“当然可以啊！”这回，这人开开心心地回家去了。

一个星期过去了，那小气鬼到裁缝这儿取帽子。一看，顿时说不出话来了。原来，那十顶帽子做得非常小。他生气得不得了，愤怒地对裁缝吼道：“你不是说十顶帽子都能戴在头上吗？这么小，你叫我怎么戴啊？”裁缝说：“怎么不能戴了？戴在手指头上不就是了！”小气鬼听了，火冒三丈，说：“你见过谁把帽子戴在手指头上的呢？”

裁缝又好气又好笑：“一尺布要做十顶帽子，不戴手指头上，那你还想戴在哪里啊？”

看了这个故事笑过以后，我们有没有想一想，如果我们就是那个裁缝会怎么做呢？也许有人会说，肯定在做之前就指出他的不对。但是面对这样一个喜欢贪图小便宜甚至疑神疑鬼的人，我们的劝解往往会招来对方的猜忌。我们不如学学这里的裁缝，避开他的毛病，一开始全都按照他的要求来做，等到结果出来的时候，用事实给他一巴掌，让他清楚地看到问题所在，这样岂不是更好？

现在你们认为，偶尔的逃避是不是很重要呢？

给自己照照镜子再发言

“给自己照照镜子再发言”的意思就是在说话之前先想想自己几斤几两重，不要说出和自己不相符的话。

这句话看似简单，但是真正能做到的人却不多。很多人在说话的时候高估了自己的实力，不仅容易说大话，还有可能失去自己本应该得到的，惹来很多的麻烦。

在经济大萧条初期，一位被解雇的老师四处苦苦求职，好不容易得到了一所学校的面试通知，他认真地准备了很久，十分珍惜这次机会。在面试的时候，他迫切希望得到一份工作的心情也打动了董事会。董事会成员高度赞扬了他的口才，他的实事求是。

董事会成员通过表决，一致认为他应该留在学校任教。这时，董事长忽然想到了什么问题，对他说道：“好吧，你的优异表现打动了我们，我们欢迎你在此任教，我们愿意聘请你。但是这里还有一个问题，请你告诉我们一件事，我们这个学校目前对地理问题还是有很大的意见分歧，我们想知道你站在哪一边。你讲授地球是圆的呢？还是讲授地球是扁平的呢？”

这个问题倒是提醒了董事会的其他成员，他们都认真地等着这位老师的答案。

“两种讲法我都会教。”这位教师立即回答道。

关于地球的形状，在当时的学术界都是争论很大的问题，区区一个急于找到工作的老师，为了自己的生计，大可不必卷入这场学术争论，倘若一句话说得不好，丢了饭碗怎么办？好在这位老师知道自己的分量，不去搅和这些事，只求自己能得到一份工作便可以了。

在职场中，没有给自己先照照镜子再发言的结果就更加严重了。最可怕的便是参与高层的权利斗争。这些人过高地估计了自己的实力，我们回头看看中国历史上，因为参与皇室斗争失败而身败名裂的人不在少数。当年玄宗皇帝想要废太子李瑛为庶人的时候，宰相张九龄直接劝皇帝："太子是国家未来的皇上。他生长在皇宫中，直接得到皇上的教育，怎么能一怒之下就把他废了呢？我从来没有听过这样的事。"玄宗皇帝很不开心。

而李林甫在朝议之时，什么话也没有说，面和气顺，不露声色。等到退朝之后，他私下和皇帝说道："太子是皇上您的儿子，废不废太子，乃至立谁为太子，都是皇上的家事，何必问外人呢？皇上您自己决定不就是了。此乃皇上家事。"虽然李林甫是有名的奸臣，但是他在这件事上的处理方式还是值得称赞的。很多人说他为人狡诈阴险，但是如果我们就事论事地说，作为一个大臣，如果对皇帝废立太子这等大事过多地发表意见的话，往往会引火烧身，难以全身而退。

在现代的职场中也是一样，很多人为了一时的利益参与到领导层的斗争中去，可能会得到一些小的利益。可是从长远看来，如果自己处于失败一方，那后果不堪设想。其实，如果你是一个普通的员工，做好自己的本职工作即可，倘若你真的有才华，能为公司带来很好的效益，无论哪位领导都会给你相应的职位，无须你在高层的斗争中插上一脚。与其参与这种危险的游戏，还不如认认真真做好自己的本职工作。

想要前进，不如先退一步

中国有句古话叫作“以退为进”。在体育项目中我们也可以看到这个道理的运用。踢点球的球员往往先退几步，才能又准又狠地把球踢进球门；投掷标枪的运动员，在投掷的时候也是先退几步，才能获得更大的力量。如果你有了目标就不分轻重地去狂轰滥炸，结果可能还不是很好，不如先退一步，以退为进，以求很好地达到目的。

韩信的故事相信大家都曾听过。当年，汉高祖刘邦有一次问韩信：“将军看我能带多少兵马？”韩信说：“陛下带兵最多不超过十万。”贵为皇上的刘邦听了这话当然不高兴了，接着又问：“那你能带多少兵呢？”韩信说：“我和大王不同，我带兵则是多多益善。”论地位，韩信那时已是一人之下万人之上，照理说应该谦虚一点。但他不明白“以退为进”，太直白地说出了自己的想法，这样子说话，叫刘邦怎么能不怀疑他？后来的结果大家都知道了，韩信不仅自己性命不保，还被诛杀三族，结局悲惨。

道格拉斯和林肯的辩论十分有名。但是在历史上，他们还发生过一次有趣的对话。道格拉斯在总统竞选中输给了林肯。但他很不服气，总想找机会给林肯一点难堪。这一天，他见到了林肯，便大声地对他说道：“总统先生，记得您以前只是个小商店的服务员，卖着劣质的酒和雪茄，不过您可真是个有风度的服务员啊！”当着这么多人的面，道格拉斯意在打压林肯的风头。

林肯也明白了他的意思，当着这么多人的面，他回答道：“您说得一点也没有错，我原来的确当过服务员。那时候，道格拉斯先生还是我的常客，我们分别站在柜台的两侧。可是现在我已经从那里走出来了，而道格拉斯先生您还是在柜台的那一侧，不肯离开。”

面对道格拉斯又一次嘲笑地翻出自己的过去，林肯并没有否认。乍看之下，似乎林肯已经示弱了，但是林肯正是“以退为进”，他先大方地承认了自己的过去，然后话锋一转，把两人现状做了个很好的对比，这种对比引发的反差，让发难者无地自容。

还有一个故事也是说“以退为进”的。《史记·滑稽列传》中记载着这样一则幽默故事：

楚庄王十分钟爱一匹马，由于过分的喜欢，楚庄王从来舍不得骑这匹马，导致这匹马最后因为太肥胖而死了。楚庄王十分伤心，他命令全国人民悼念这匹马，并要为这匹马专门准备一口棺材，按大夫的礼节举行葬礼。文武百官见皇上做出如此荒诞的行为，纷纷上前劝阻。楚庄王心生怒火，下令“谁再劝阻，就砍了谁的头”。

有个叫优孟的人听说了这件事，进宫后大哭起来。楚庄王问他为什么哭，优孟说：“这匹马是大王最疼爱的马，楚国这么大，什么东西都有！倘若只以大夫的标准来给马下葬，岂不是太委屈它了，枉费大王的一片苦心啊！我觉得，大王应该用群王的标准来厚葬它。”楚庄王听到后十分高兴，赶紧问他应该怎样下葬才最好。

优孟说：“最好用上等的白玉做棺材，请最好的工匠雕刻上最精美的花纹，然后用梓木做外椁。还要建一座庙宇，给马立个排位，放在里面，并追封它为万户侯。这样天下的人就知道，大王是贱人而重马了。”

楚庄王听到这里，终于醒悟了过来，也感叹于优孟的一番苦心。

优孟看上去是在顺着楚庄王的意思，应该违背礼节而给这匹马厚葬，甚至要将标准提高到群王的地步。而事实上，他正是用这种“以退为进”的方法，顺着楚庄王的意思把事情推理到极其荒唐的地步，不仅警醒了楚庄王，还很好地避开了他的排斥心理。

看到目标了，很多人便急不可耐，不顾一切地向着目标前进，的确有着一股风雨无阻、勇往直前的作风。有这样的魄力固然是好事，但是我们也要冷静下来想一想：这种做法在任何时候都合理吗?

除了上面提到的两个例子外，在生活中我们也会遇到一些这样的情况，那便是如果你一味向前冲却找不到突破口，这种时候我们不妨先退一步，试试“以退为进”，避免正面的冲突，做出表面的妥协，等到对方漏洞出现的时候再加以反攻。从短时间来看，这样的做法也许是后退，但是把眼光放长远一些，其实我们已经踏踏实实地前进了一大步。

金盔铁甲不如铁齿铜牙

现代社会，人们越来越没有安全感，骑车要戴安全帽，开车要系安全带。人们把自己的安全寄希望于这么一件小小的塑胶产品，恨不得用金盔铁甲把自己武装起来。

其实，再多的装备也只能保护我们的肉体。如果一个人的心灵受到了伤害后，有个健全的身体也是徒劳，所以，保护我们的心灵也是头等大事。而金盔铁甲并不能保护我们的内心不受伤害，如果要让我们的内心不受伤害，我们就需要用铁齿铜牙来武装自己。

在生活中，别人的言语也会在不经意中伤害我们的心灵，不仅如此，我们的自尊往往也会被他人的话语击打得支离破碎，而如果我们也有铁齿铜牙，便能很好地把自己保护起来。

一休小和尚在日本是家喻户晓的小名人，他不仅聪明，而且伶牙俐齿，大家都说他机智过人。一休从小便生活在寺庙中，后来，当地的大臣听说他本是名门后代，聪明绝顶，也许是心生妒忌，对他有些不服，便对他的用人说："我想见他一面，把他召进府来！"

大臣的用人便去了一休所在的那座庙里，对老和尚恭敬地说："大臣殿下说想见见一休小和尚，叫我来带他同去。"

老和尚知道大臣要为难小一休，便劝他要多加小心，一休笑着说："没关系，我去去便知道了。"

用人把一休带到府里，大臣在大厅上见到一休，便笑着说道："挺机灵的孩子，果然和大家说得一样啊！"说完，还叫用人给一休搬来了椅子，请他喝茶吃点心。不过，他心里还是想着怎么刁难一下一休，看看他到底有多聪明。

正巧，在宽敞的大厅里有一架漂亮的大屏风，上面画着一只栩栩如生的大老虎和一片竹林。那老虎抬头挺胸，傲视群山，仿佛马上就要扑出来似的。

大臣眼珠一转，便对一休说："这上面画的老虎，一到午夜，就挣脱画面跳到地上，在院子里转来转去，很是吓人，大家都非常怕它，也不敢出门。今天我叫你来，便是让你给我想想办法，把他捆住，别再让他下来了。"

听大臣说要捆住画上的老虎，大厅里站着的仆人、当差都觉得不可能，不过他们也都很想看看聪明的一休要怎样面对。

"这可不是好玩的！"一休明白大臣的意思，但他依然很沉着，倒是同来的和尚替他紧张起来，不禁捏了一把汗。

"好，我来捆。请借根绳索给我吧！"想了一会儿后，一休认真地说道。

听差拿来了一根很结实的绳子。大家心里都好奇起来，难道一休真的要用绳子捆住画上的老虎吗？

大伙儿又紧张又兴奋，都等着看好戏。

一休认真地把手帕系在头上，又把一根细带从背上交叉系在身上，然后，他拿起绳索，一双赤脚"啪"的一声跳到屏风前面。他手握着绳子，两臂张开，两腿分开站成骑马状，大声喊道："喂，把它撵到这儿来！看我如何马上把它捆住！"

"嗯——？"

大伙儿愣了一下，这画上的老虎怎么能赶到院子里呢？大家无不佩服，齐声叫好，为他鼓掌。

一休还是个小孩子，在面对刁难的时候也是用这种最童真的方法去回击。一个孩子保护自己的能力是很弱的，但是这里的一休却用这样的方法保护了自己，没有被对方的刁难所吓住。

在生活节奏越来越快的今天，如何在日常交往中保护自己的心灵尤为重要。一个人的心灵破碎，他的人生将无法完整，所以我们也应该用铁齿铜牙来保护好自己的心灵。

幽一默海阔天空

有时候两个人说话，说着说着就吵了起来，后来大家一问，原来就为点儿鸡毛蒜皮的小事，何必吵得如此面红耳赤的呢？这样的人，其实是少了幽默的精神。

如果要细算幽默的作用，那可能几本书也写不完。幽默总是能无处不在地在你的生活中发挥着作用，只要使用恰当，其作用可能会使你意想不到。比如，幽默和争吵也许没有什么直接的联系，但是会用幽默的人往往能避免很多争吵。懂得用幽默的人，不仅可以压住自己的火气，还能给对方消消气。幽上一默胜过上一堂大课，类似的例子比比皆是。

有过谈判经验的人一定对谈判桌上那种针锋相对的气氛印象深刻，毕竟大家都是在为自己争取利益，在利益上你争我夺，是很直接的竞争关系，所以谁也不敢马虎。但是，有没有人想过在谈判桌上的幽默也能带来意外的效果呢？

有一次，三名日本航空公司的代表前去美国与某服务公司的人员洽谈合作事宜。美方人员显然做足了功课，他们早就仔细地研究了对手公司的资料，想着在谈判桌上大显身手。这不，谈判才一开始，美方人员便滔滔不绝地说起来了。他们从两公司的历史说起，一直说到合作的经历，最后终于说到要是两公司能合作，他们一定会给日本公司带来极大的效益，所以对方应该继续压缩他们的报价。滔滔不绝地说了一个小时后，他们满意地坐了下来，心想，这样的攻势日本人肯定招架不住，于是边笑边看着这几名还未发一言的日本人。

几个日本商人则继续呆坐在那里。

最后，美方代表心满意足地问道："我们说完了，你们有什么看法？"

"很抱歉，我们没有听懂。"日本人略带抱歉的口吻，很有礼貌地回答道。

美方代表心里一惊，不安地问道："你们什么意思？哪里没听懂，我们可以再解释一下。"

"你们开始讲的全部。"日本人继续彬彬有礼地说道，"要是不介意的话，你们再全部给我们讲一遍吧。"

美方代表顿时心灰意冷，想来开始己方滔滔不绝，轮番上阵，不想对方一句也没有听懂，顿时信心和耐心都没有了，谁也没有从头再说的兴趣了，只好接受日本人的价格要求，结束了谈判。

说到日本人，也许很多人会想到他们那善于狡辩的舌头，他们对历史罪行的不承认便是铁证。但是在这里，日本人几乎没有用自己的舌头，他们只是巧妙地运用了心理战术，便把美国人击溃。

6

动动脑，把批评说得对方也爱听

每个人都有因受到批评而不开心的时候，西方心理学说，很多人都有抗拒批评的心理，既然我们自己都不喜欢严厉、直白的批评，那么在别人做错事的时候，我们又该怎样去指出别人的不对呢？

尖酸讨人嫌，刻薄招人厌

尖酸刻薄并不是幽默。

没有人喜欢尖酸刻薄的人，这类人仗着自己的一点小聪明，在语言上下点功夫，便对别人的短处横加批评。比出口成“脏”更可恨的是，他们往往得益于自己的作品，略施小计后还总是得意不已。

擅长幽默的人往往容易犯尖酸刻薄的毛病，尤其在批评别人的时候，这类人有智慧、有口才，所以说话不注意的时候往往会很刻薄。我们在运用幽默的时候要特别注意这一点，不然，便会与这类人为伍，为人所诟病。

在很多时候，我们都要避免自己的话过于刻薄。在某报社发生了这样一件事。这天，编辑收到一份稿件，写的是一首现代诗。编辑看着眼熟，仔细一想，原来是抄袭大诗人海子的，便没有采用。不想，这位作者几天后来询问此事，编辑只好问道：“这是你自己原创的吗？”

“是啊，”作者不假思索地回答道，“百分百是我自己的作品。”

编辑突然脱下帽子，尊敬地说道：“原来你就是大名鼎鼎的现代诗人海子啊，你不是已经不在世了吗？”

这位作者听到这里，窘得恨不得找个地缝钻进去。

19世纪意大利著名作曲家罗西尼向来提倡原创，他也遇到过类似的情况。有一天，一位年轻的作曲家来拜访他，带来了自己的许多习作，还坐到钢琴边弹奏给罗西尼听。此行，他一来想听听大作曲家的意见，二来还想炫耀自己的才华，希望得到罗西尼的赞赏。罗西尼一边听着，一边不断地脱帽鞠躬。

年轻人觉得很奇怪，不明白罗西尼为什么要这么做，便问他：“是不是屋里太热了？”罗西尼回答说：“不是屋里太热。也许你还不知道，我有一个习惯，遇到熟人，我就脱帽鞠躬。在你刚刚弹奏的曲子里，我遇到了那么多的熟人，不得不总是脱帽致敬了！”

这个年轻人听出了罗西尼话里的意思，感到十分惭愧，立刻停止了弹奏。

抄袭是很不诚实的行为。在第一个故事里，那位作者不但没有认识到，反而理直气壮地来报社询问自己稿子的事，这样的行为的确很可耻。当然，也许是作者的无知，但是如果编辑冷言热语地去嘲讽他，不仅会伤害他的自尊，也许还会打消他写作的积极性。编辑以这样一种幽默的方式，恰到好处地点出了对方的缺点，可以让他及时地改正。

第二个故事里的罗西尼也没有直白地指出对方的错误，更没有对这种行为进行尖酸刻薄的嘲讽，因为这样会伤害一颗喜欢音乐的心。所以，不如以这样的方式去警醒对方，使他能在艺术的道路上越走越远。

看了上面的两个故事，回到我们自己身上。面对尖酸刻薄，我们又应当怎么处理呢？其实，只要注意两点，我们便不至于被尖酸刻薄所击倒。

首先，我们自己应该尽量避免给人留下尖酸刻薄的印象。既然前面说了那么多尖酸刻薄的坏处，那么我们自然不能成为这样的人，这就要求我们在说话的时候多站在对方的角度想一想，想想对方听到自己的话会是怎样的心情。切忌，不能对对方进行人身攻击，也不可过多地嘲笑对方的缺点，因为这些都是尖酸刻薄的主要特点。

另外一点，在遇到尖酸刻薄的人时，要看我们怎么去面对了。在生活中，总是会有些同事说话不好听，或是某同学喜欢挖苦人，这种时候光忍耐是不行的，这样只会挑起对方更大的兴趣，如果直接以拳头回击，又会有损于自己的风度。其实，尖酸刻薄的人大多在乎自己的面子，他们嘲笑别人无非就是想提高自己的地位，知道了这一点再去反击他们，便十分的容易了。比如，有位同事总是嘲笑你的头发，说它乱糟糟的像鸡窝的时候，你可以同样微笑着对他说道：“你不知道我就是因为头发不好看才来这家公司的吗？但是不知道你的发型这么好怎么也在这里？你应该去给洗发水拍广告的，在这里真是可惜了。”这样的回击铿锵有力，又不失风度，保证让对方再也不敢嘲笑你了。

机智圆场技巧多

在一次老同学聚会上，大家见面之后分外亲切，聊得十分高兴。这时，一位男士跟一位女士开玩笑说：“你当初可是主动追求我的，现在还想我吗？”按理说，在老友重逢的气氛中，这些话无伤大雅，但这位女士由于某种原因心情不好，竟然脸色一变，气呼呼地说：“你神经病！谁会追求你这种龌龊的人。”

她的声音很大，在场的人都惊讶地看着她，觉得很尴尬，场面一下子冷下来了。这时，另一位女士站了起来，笑着说：“我们小妹的脾气还没变啊，她喜欢谁，就说谁是神经病，说得越厉害越让人受不了，就表明她越喜欢。小妹我说得对吧？”这番话，让大家都想起了大学时的美好生活，不由得七嘴八舌互相开起玩笑来，一场风波平息了。

在交际中经常会遇到上面那种尴尬的场面，这时，就需要有人审时度势，准确把握双方的心理，借助恰到好处的话语及时出面打圆场，化解尴尬，维护交际活动的正常进行。

要想成功地打圆场，可以针对实际情况灵活对待，或用幽默的话语转移话题，制造轻松气氛；也可以故意歪曲对方话里的意思，而做出双方都能接受的解释；还可以肯定双方看法的合理性，找到双方都能接受的解决方法。

1.转移话题，制造轻松气氛

在交际场合中，如果某个较为严肃、敏感的问题弄得交谈双方都很尴尬，甚至阻碍交谈正常顺利进行时，我们可以暂时回避一下，通过转移话题，用一些轻松、愉快的话题来活跃气氛，转移双方的注意力，从而缓和尴尬的局面。如，朋友之间为了某个问题争得面红耳赤、僵持不下时，可以适时说一句“要把这个问题争得明白，比国家足球队赢球还难”；或者说一个笑话，让双方的情绪平缓下来，在轻松的气氛中让尴尬消失殆尽，使交际活动得以顺利进行。

2.找个借口，给对方台阶下

有些人之所以在交际活动中陷入窘境，常常是因为他们在特定的场合做了不合时宜或不合情理的事，使大家或个人陷入尴尬的境地。在这种情形下，最行之有效的打圆场的方法，莫过于换一个角度或找一个借口，以合情合理的解释来证明对方有悖常理的举动在此情此景中是正当的、无可厚非的和合理的，这样一来，尴尬就解除了。

有一次，著名演员新凤霞和丈夫举办敬老晚宴，请了文艺界许多著名的前辈，时年90多岁的著名画家齐白石在看护的陪同下也前来参加。老人坐下后，就拉着新凤霞的手目不转睛地盯着她看。看护带着责备的口气对齐老说：“你总盯着别人看干什么呀？”白石老人不高兴了，说：“我这么大年纪了，为什么不能看她？她生得好看。”说完，老人家气得脸都红了，弄得大家都很尴尬。

这时，新凤霞笑着对白石老人说：“您看吧，我是演员，不怕人看。”在场的人都笑了，现场气氛也缓和下来了。在这里，新凤霞恰当地运用了打圆场的技巧，强调了事件发生的合理性，以“自己是演员”为理由，证明白石老人看自己是正当而合理的，这样就顺利地摆脱困境，也给对方找到了此行为的理由，交往活动也就能正常地进行了。

3.善意曲解，化干戈为玉帛

在交际活动中，交际的双方或第三者由于彼此言语之间造成误会，常常会说出一些让别人感到惊讶的话语，做出一些怪异的行为举止，从而导致尴尬和难堪的场面出现。

为了缓解这种局面，我们可以采用故意“误会”的办法，装作不明白或故意不理睬他们言语行为的真实含义，而从善意的角度来做出有利于化解尴尬局面的解释，即对该事件加以善意的曲解，将局面朝有利于缓解的方向引导转化。

正如本文开头同学聚会的例子，批评哪一方都是不合适的，只能加剧矛盾的激化，破坏聚会的气氛。这时候，最好的办法就是从善意的角度，对双方的语言做出“歪曲”的解释，故意把女士的话理解为是一种“喜欢”，引导大家一起回忆过去的美好时光。在这样的气氛中，大家会很快忘记尴尬和不快，本来要形成的尴尬场面也就烟消云散了。

善意的曲解并不是单纯地和稀泥、淘浆糊，而是弥补别人一时的疏忽，消解别人心中的误解和不快，保证人际交往的正常进行，是一种很有效也很有必要的交际手段。

4.审时度势，让各方都满意

有时在某种场合中，当交际双方因彼此不同意对方的看法而争执不休时，很难说谁对谁错。作为调解者，应该理解争执双方此时的心理和情绪，不要厚此薄彼，以免加深双方的差异，要对双方的优势和价值都予以肯定，在一定程度上来满足他们的自我实现心理，在这个基础上，再拿出双方都能接受的建设性意见，这样就容易被双方所接受。

有时候，当人们因固执己见而争执不休时，陷入僵局难以缓和的原因往往已不是双方的看法本身，而是彼此的争胜情绪和较劲心理在作怪。实际上，对某一问题的看法本身常常不是固定不变的常数，随着环境的变化和角度的转移，不同乃至对立的看法可能都是合理和正确的。因此，我们在打圆场时要抓住这一点，帮助争论双方换一个角度来看待争执点，灵活地分析问题，使他们认识到彼此看法的相对性和包容性，从而让双方停止无谓的争论。

一次，学校举行文娱活动，教师和员工分成两个组，自行编排和表演节目，然后进行评分。表演刚结束，坐在下面的人就分成两派，吵得不可开交。

眼看活动要陷入僵局，主持人灵机一动，对大家说：“到底哪个组能得第一，我看应该具体情况具体分析：教师组富有创意、激情四溢，应该获得创作奖；员工组富有朝气、精神饱满，应该获得表演奖。”随后，主持人宣布两个组都获得了第一名。

这位主持人清楚文娱活动本身的目的并不在于真正分出高下，重要的是激发教职员工参与文娱活动的热情。基于这一点考虑，在评比出现矛盾的局面时，他并没有和人们一起争论孰优孰劣，而是强调了两个组的不同特点和优势，对两个组的努力给予肯定，结果就很容易被大家所接受了。

好话好说方见真心

说话不仅要我们说，还要对方听。想一想，如果我们一番好心，却由于没有注意所说的话，弄得对方心存不满，那我们岂不是比窦娥还冤。我们自认为好心，就噼里啪啦地什么都说出去，以为对方能了解自己的一番好意，对方固然知道你是好心，可是你这样口无遮拦、不计后果，就怕好心也要把别人气走了。

有这样一个广为流传的故事，说是有个人的朋友生了小孩，他便跑去庆祝。看见小孩后，他又亲又抱的，喜欢得不得了，朋友见状，当然十分开心。这个人说道："这小孩真是可爱，这么招人喜欢，你们可要好好带着啊，别夭折了。"听到前面两句，主人喜笑颜开。没想到这人突然来了这么一句，顿时脸上乌云密布。这个人见状，知道是自己说错话了，便马上解释道："我不是那个意思，这孩子这么可爱，死了当然可惜啊。"主人几乎晕了过去。

这个故事也许有些夸张，但是很好地说明了一些人的缺点。这些人的心可谓是百分之一百的好，但就是在说的时候出了岔子。比如，谁要是买了汽车，他们肯定会跑去赞扬一番，但最后也许会来一句："开车要仔细啊，千万别出车祸了。"这让人哭笑不得，其实他们是真的在为你担心，但就是这话听着瘆得慌。

说了这么多反面例子，让我们来看一个正面的例子吧。

简雍进言的故事相信大家都听过了，这个故事也很好地说明了好话还要好说。《三国志·蜀书·简雍》中的记载是这样的：

时天旱禁酒，酿者有刑。吏于人家索得酿具，论者欲令与作酒者同罚。雍与先主游观，见一男女行道，谓先主曰："彼人欲行淫，何以不缚？"先主曰："卿何以知之？"雍对曰："彼有其具，与欲酿者同。"先主大笑，而原欲酿者。雍之滑稽，皆此类也。

大概意思是说天干成灾，皇帝便下令禁酒，就连家里搜出酿酒器具的也要一并受罚。这种制度激起了极大民怨，可百姓敢怒不敢言。简雍看到这种情况，心想着要劝劝皇上。有一次，他和皇上外出，看见一男一女往丛林里走去，简雍大声说道："把他们两个抓起来！"皇帝不解，问："为什么？"简雍一本正经地回答道："他们身上有淫乱的工具，当然要抓起来啊。"皇帝听完大笑起来，也明白了简雍的一番苦心。

俗话说"伴君如伴虎"，给皇上提建议是件很危险的差事。一旦说得不妥，龙颜大怒，性命都难保，所以需要很好地运用自己的智慧，即使是忧国忧民，也要方式得当。简雍就做得很好，没有直言皇上的不对，而只是以这样荒诞滑稽的方式去提醒皇上，效果非常好。

我们在给上司或是长辈提意见的时候，也要注意自己的措辞。尤其是给上司提意见时，虽然与古时候给皇上提意见的风险不可同日而语，但是处理不当，得罪了领导，对自己以后的职场发展也会带来不好的影响。所以，在给领导提意见的时候，即使你确定自己的意见可以给公司带来极大的好处，最好也能有一个更好的方式，让领导可以舒舒服服地接受你的意见，不至于因为你的太直接而下不了台，这样的员工才是领导最喜欢的。

动动脑，把批评说得对方也爱听

每个人都有因受到批评而不开心的时候，西方心理学说，很多人都有抗拒批评的心理，既然我们自己都不喜欢严厉、直白的批评，那么在别人做错事的时候，我们又该怎样去指出别人的不对呢？

良药苦口，我们可以加点糖，就像苦咖啡加了糖一样。那么，逆耳的忠言呢？我们该加点什么才能让它听起来更顺耳呢？答案便是幽默。

很多时候，当我们想要批评别人的时候，可以换过来想一想，倘若自己处在对方的位置，是不是也不愿听到这样的言语，那么这个时候我们就要注意自己的表达方式，在自己的话里面渗透点幽默，这样略带甜味的咖啡是每个人都愿意接受的。

在宋代文人随笔《调谑编》中有这样一个故事：

有位叫郭祥正的诗人十分仰慕苏轼（世称苏东坡）。有一次路过杭州，他特意把自己写的一卷诗送给苏东坡鉴赏，还没有等东坡看诗，他便自我陶醉般地吟咏起来，摇头晃脑，感情四溢，完全沉醉在自己的诗中。吟完诗，他便征询东坡的意见：“依您看来，此诗能打几分？”

东坡不假思索地说道：“十分。”郭祥正十分高兴，心想自己的诗得到了大诗人的肯定，又问怎么能有十分。东坡微笑着答道：“这十分，七分来自读，三分来自诗，不是十分又是几分？”

郭祥正的诗写得怎样，我们不好去评价，但他请别人鉴赏时却自己陶醉起来，显得有些不合时宜。在苏轼的眼中，可能这诗的确不怎样，可是他自己的感觉这么好，我想苏轼也不想泼他冷水，于是以这样一种幽默的方式点明自己的想法，也让郭祥正能继续地努力。

无独有偶，鲁迅的第二任妻子许广平在当学生的时候写过一篇《罗素的话》的论文，交给鲁迅批阅时，鲁迅写下“拟给90分，其中给你5分（抄工3分、末尾的几句议论2分）、其余的85分都给罗素”的评语，暗示许广平的论文里面大多是罗素的原话，自己的论点不多。鲁迅没有明说，是让许广平能自己体会其中的意思，在日后的创作中好好改正。

如果在职场中你是一位老板，当下属犯错误的时候，你会不会仗着自己的地位狠狠地训斥他们呢？这样的训斥可以让他们保证几天不再犯，但你无法确定他们在心里是否真正认识到自己的错误。他们也许会产生抵触心理，这样一个充满抵触情绪的公司，效益和前途可想而知。也许，你可以学学下面的这位老板：

美国有一位连锁店的老板，他在批评下属的时候就很注意方式。有一次，他想去店里看看情况。他独自一人来到大厅，见一位顾客在柜台前询问着价钱，却没有一个服务员理他。原来，服务员正躲在一处说笑。老板看到这儿也没动怒，只是走到柜台前，十分礼貌周到地接待了这位顾客。服务员们看到这种情形惭愧不已，在以后的工作中再也没有开过小差了。

这样的批评，不仅温文尔雅，不至于引起对方的敌意，还能起到立竿见影的效果。学会了幽默的批评，你可以更好地处理人际关系，比如邻居每晚看电视至深夜，吵得你无法入睡，你可以略开玩笑地问他可不可以借用电视几天，这样一来，我想邻居自己也会认识到这个问题，既解决了你的烦恼，又避免了引起邻里间的不合。

懂得保护对方的伤疤

伤疤这种东西，如果被揭开了，便会露出血淋淋的伤口，疼痛不已。所以，我们也应该懂得去保护别人的伤疤。

如果某天你走在路上无意间看见一个十分在意自己形象的女同事不小心狼狈地摔倒了，而此时她并没有看到你，你会怎么做呢？是走过去扶起并安慰她呢？还是装作没看见似的默默走开？大多数人可能会英雄救美，跑过去把别人扶起来，然后嘘寒问暖地问她摔疼了没，要不要去医院等等。

这样做真的合理吗？

如果是我，我会选择默默地走开。试想一下，摔倒是极其尴尬的事情，更何况对于很要面子的女同事呢。摔倒后的她，即使有些疼痛也没有关系，最担心的应该是被熟人看到。如果你此时跑过去，那么她的担心便成为了现实，你的行为反而会加重她的心理负担。所以，不如默默地在远处看着，如果她能自己爬起来，并无大碍，那么你接下来应该做的就是当作什么也没有看到。

这样做才是真正地保护对方的伤疤不被揭开。

在一场舞台剧演完后，女主角去浴室里洗澡，不巧这时有人打电话来，说是有急事要找女主角。正好，导演接到了电话，于是他便去浴室里找人。浴室有一排，一进浴室门是更衣室，浴缸和更衣室中间有屏风隔开。有几个浴室的门口都放着鞋子。由于事情很紧急，所以导演也来不及多想，走到最近的一个浴室便推门而进，他以为女主角在屏风后的浴缸里，所以走进去也没有关系。

没想到这时，女主角已经洗好澡了，正在屏风外换衣服。她正用毛巾擦着刚洗完的头发，身上还来不及换上衣服，裸露着站在那里。

看到导演冲了进来，她猛地吃了一惊，大叫了一声“啊”，不知所措地站在那里。

导演也被这突如其来的尴尬吓得愣住了，慌忙地后退关上门，心想，这下女主角肯定吓坏了。

不过，导演灵机一动。他马上大声说道：“真对不起啊，大卫先生。”他喊出了剧组另一位男士的名字，“我也急着洗澡，就冲了进去，您慢慢洗吧，我换个浴室便是了。”

女主角知道导演把自己当成了别人，长长地舒了口气。

导演的才气在这短短的几秒钟显露无疑。遇见这种事，就算你百般解释和自责都无法弥补对方的心理阴影，于是，导演索性来个“偷梁换柱”，从而彻底地去除了对方的心理阴影，也缓解了自己的尴尬。

记得我有一次去邮局办理业务的时候，还碰到件十分有意思的事：

有位老太太准备寄张明信片，可能是手不太好使，她便客气地和旁边一个年轻人说道：“小伙子，能帮我在明信片上写上地址吗？”

“好啊！”热心的小伙子爽快地答应了，接过老太太手中的明信片，认真地填写起来。

“还有什么要帮忙的吗？”写完后，他继续问道。

“你再帮我写上几句祝福的话吧！”看到小伙子这般热心，老太太继续说道。

“当然可以啊！”小伙子继续在明信片上写着祝福。

写完后，他把明信片交给老太太。老太太看过后，眉头轻轻地一皱，似乎有什么不满意，但是又不太好直说。不过，她还是叫住了小伙子，面带笑容地说道：“你还能再帮我个忙吗？”

“说吧！”小伙子依旧很热心。

“你再加上一句，‘字迹不好，请原谅’吧！”老太太小声地说道。

小伙子听到后，也不好意思地笑了。可以猜到，小伙子的字可能写得真的不怎么好，不然老太太怎么会加上这么一句，更不要说他开始还热心地帮助了她。老太太的做法的确值得称赞，没有直接地点出来，而是小声地去旁敲侧击，给小伙子提一个醒。面对这样好心体面的提醒，小伙子应该说声“谢谢”才是。

“夸”出来的效果也不错

这里的“夸”，是夸张的意思。在大部分时候，“夸张”并不是个好词。夸张的形容，夸张的表演，夸张的表情，都是说一样东西过头了，给人不好的感觉。

中国有句古话叫“语不惊人死不休”。有时候，在说的话里面加一些这样夸张的语句，往往能起到惊人的作用，让别人在惊讶的同时了解你的意思。

有这样一个小笑话，说的是两个人在聊天，甲说：“我家有一面鼓，敲起来，百里外也可以听到。”得意之情溢于言表。

乙听后说：“这么巧，我家有一头牛，站在江南，可以吃到江北的草。”

甲听后不信，连连摇头，问道：“哪有那么大的牛？你在吹牛吧！”

乙说：“哪里有啊，要是没有这么大的牛，又怎么会有这么大的牛皮来蒙你的鼓啊。你家有那么大的鼓，怎么不相信我家有这么大的牛呢？”

在这个故事里，要论吹牛，那乙一定是高手，可是他的目的并不是为了吹牛，逞一时之嘴快，而是要让甲明白他自己话中的不妥。乙的话看似荒诞，却像一把锤子敲打着甲的脑袋。

这属于夸大其辞给对方提醒，还有些时候，我们极尽渲染之势来夸大自己的语言，以达到幽默搞笑的效果。这样的夸张又如神来之笔，让你的话语锦上添花。

在冯梦龙编写的《三言二拍》中有一个短篇故事，说的是大文豪苏东坡的一个幽默故事。

由于家中文化气氛很浓，所以苏东坡家里的每一个人都有着极高的文学才华，很多人在小时候就表现出了些许天分。苏东坡有一胞妹叫苏小妹，她小小年纪便做得一手好诗，她总是喜欢和哥哥一较高下。有一天，苏小妹读东坡诗集的时候，看到“墙里秋千，墙外佳人笑”“多情却被无情恼”这样含情脉脉的句子，又想到哥哥本是个长方脸，她便抓住这个特点，极尽夸张和想象说道：“去年一滴相思泪，今年方流到嘴边。”

苏东坡听出了话里有话，他看了妹妹一眼，心想小妹额头很高，总是怕别人看见，便笑了笑，回击道：“香躯未到闺阁内，额头已列画堂前。”

这两句诗，的确让人捧腹大笑。调皮的妹妹本想戏弄哥哥一下，在诗句中夸张地描绘了哥哥的特点，必定在心里暗暗高兴。不想，苏东坡很好地抓住了这个“夸”的方式，以同样的手法回击了过去，一来一回，才情和智慧都让人感叹不已。

当然，说话夸张也要注意分寸，还要注意场合，像一些文艺作品中的夸张，在生活中就不太合适。比如，郭德纲的相声有这样一个段子：

郭：这么些年了，好不容易有一说相声的上了天堂，你知道吗，必须好好招待一下。

李：合着净下地狱啦？

郭：一会儿的工夫菜都预备齐了，一瞧，呵，那丰盛啊！一人一套煎饼果子，给杯白开水。

李：天堂还吃这个啊？

郭：我说帝哥，就吃这个啊，这还丰盛呢。对不起啊，你看天堂上就是你，我，仨儿，老王，咱们四个不值当起伙，你先凑合吃吧。

李：节约开支。

郭：吃吧。吃完了，坐这儿聊天，我说这上天堂有什么好处啊？好处大了，太大了！

李：都有什么呀？

郭：这样吧，因为你是很了不起的一个人哪，我们可以满足你一个愿望，你想干吗都能答应。我说，好啊，我希望天下和平，百姓们安居乐业，国泰民安，没有战争，行吗？

李：您这要求够高的。

郭：上帝想了想，（抽烟），这难点儿。

李：不好办到？

郭：咱实话实说啊，我没这么大造兴，我也不跟你说别的，这这……（抽烟）

李：上帝这烟够勤的。

郭：你换一样行吗？咱商量商量别的。我一摸身上带着一张李菁的相片儿，你的相片儿啊。帝哥，您看看这个，这是我师兄弟儿，李菁，长得挺寒碜的，搞不上对象，你给他变漂亮点儿吧。（看看撕掉）行行行了，还是说说世界和平那事儿吧。

在这里，为了调侃他师兄弟李菁的长相，郭德纲不惜在前面铺垫了这么久，最后表现出来的效果不可谓不夸张，当然，这在相声里叫“逗”。相声毕竟是相声，在舞台上表演的东西，如果谁在生活中也敢于运用如此夸张的说话方式的话，即使是玩笑，也还是太过了些，难免会伤害朋友间的感情。

意见应当这样提

战国时期，陈轸来到秦国，正赶上秦惠王为一件事发愁，当时的韩魏两国互相攻打，打了一年也没分出胜负，而且战争也没有停止。

秦国是当时的一个大国，秦惠王想凭借自己的实力来阻止这场战争，一是彰显一下自己的实力；二是以阻止战争为借口，乘虚消灭两国。于是，他就问左右的大臣，大臣们都各执一词，有的认为阻止这场战争好，有的认为不该阻止这场战争。秦惠王见众官的说法都不一样，一时间不能决定，所以就想听听陈轸的想法。

陈轸听秦惠王诉说完自己的烦恼以后，先不谈这场战争，而是给秦惠王讲了一则《两虎相争》的寓言故事：

从前，有个人叫卞庄子，为人喜好勇武，而且自己也很厉害，只身敢同老虎搏斗。

有一天，一个牧童跑来，对卞庄子说："不好了！两只老虎正在争吃我的牛呢！你快帮帮忙把老虎赶跑吧？"

卞庄子听到后，浑身热血沸腾，好像在燃烧，马上就提着宝剑随着牧童跑到山上。到了山上，只见一大一小两只老虎正咬住一头牛，牛拼命地挣扎着。卞庄子二话不说，拔出宝剑就要去刺杀老虎。

这时，跑来的旅馆小伙计一把拉住卞庄子说："两只老虎正争着要吃牛，吃到了甜头，必然争抢起来，争抢起来必然互相搏斗。所谓'两虎相争，必有一死'，死的那一只肯定是小老虎。等小老虎死了以后，大老虎肯定也要受伤。到时候你刺杀那只受伤的老虎，轻而易举。这样一来，你只要刺杀一只老虎，就可以获得刺杀两只老虎的美名。”

卞庄子认为小伙计说得有道理，于是他们就站在那里等着。

过了一会儿，两只老虎果然因为怎样分得食物的问题互相搏斗起来，不出小伙计所料，小老虎被大老虎咬死了，大老虎被小老虎咬伤了。这时，卞庄子拿起宝剑刺死了受伤的大老虎，一举两得，获得了“刺杀双虎”的美名。

陈轸讲完了故事，对秦惠王说道：“现在韩魏两国相攻，一年了也没停止，这必然使大国受伤，小国灭亡。大王讨伐受伤的大国，这不是一举消灭了两个国家吗？这同卞庄子刺虎是同样的道理。”

这便是历史上著名的《陈轸借虎谏秦王》的故事。在古代，皇上可是最难打交道的人。在这本书里也提到过许多成功地跟皇上打交道的故事，这些人都才智过人。要知道，给皇上提意见，仅仅凭着一番忧国忧民的心情是不够的，还要特别注意自己讲话的方式。这个故事里的陈轸就是个很好的例子，当时皇上的想法和他的想法完全相反，而想要去劝阻皇上并不是一件容易的事。面对这样的困境，他并没有去直言皇上的不对，因为这样做很容易让皇上下不了台，于是他巧妙地借用一个寓言故事，让皇上在这个故事里对号入座，从而很容易就分辨出自己行为的对错。这样的法子看似走了弯路，其实能更快地达成目标。

这个故事也给我们提了个醒，当我们要向上司提意见的时候，应当怎么说才合适呢？如果我们一心为着公司好，说出的意见却得不到上司的采纳，甚至引起上司的反感岂不是太冤枉，这就要求我们在提意见的时候要多动些脑子了。

领导都是喜欢听好话的，所以，我们在陈述自己意见的时候不要说太多现状的不好，重点要放在自己意见实施后可能带来的好处。

领导也是普通人，他们也有喜怒哀乐，所以提意见的时候要特别注意时机。倘若老板心情不好，那我们不能去“撞枪口”，而是要等到老板的心情不错时，我们的意见才更容易被接受。

说话要特别注意语气，最好能一直保持诚恳、认真的态度，让老板首先觉得我们可靠，才会去考虑我们的意见。

提意见的时候要注意语气委婉，就像上面那个故事里说得一样，懂得怎样去暗示自己想说的，这样才不至于把问题说得太尖锐而让老板下不了台。

有幽默，也别忘了委婉

人们常说，天才与白痴只有一步之遥。套用一下这句话，便成了幽默和嘲讽也只有一步之遥。如果你在发挥自己幽默才华的时候稍微不注意，便很容易变成一种嘲讽。这个时候，你还要学会委婉。

幽默就像在天空飞翔的风筝，而委婉便是那根时时刻刻牵住它的线，看似限制了它的翱翔，但若没有了委婉，幽默便成了没有线的风筝，永远飞不起来了。

用委婉让幽默飞得更高，让我们看看小平同志是怎么做到的：

其实在大多数情况下，一代伟人邓小平不需要委婉地去表达自己的想法。但是在一些特殊的场合、特定的环境下，出于对别人和形式的考虑，小平同志还是喜欢用委婉的态度来表达自己的想法。比如，1978年邓小平同志出访时，针对当时部分国人不肯承认自己落后的现实及有些自大的心理，他委婉批评道："长得很丑，却要打扮得像美人一样，那是不行的。"

在生活中，小平同志更是驾驭幽默的好手，不过他处处都懂得用委婉来束缚自己的幽默。他的幽默不但通俗易懂，而且富有深意、不落俗套、别具一格。许多他口中的幽默段子已经在百姓间广为流传，给人们留下了深刻的印象。在从重庆回北京的飞机上，子女故意问他："在重庆的时候大家叫你首长，到北京后又叫你什么？"邓小平同志巧妙地运用方言里的谐音回答道："在重庆叫首长（手掌），到北京叫脚掌。"

还有一次在四川考察的时候，有位农民问他："你们从哪来、要到哪里去？"邓小平同志回答："我们从上头来，到下头去。"还有一次，小平同志听说一个唱“样板戏”的钱姓演员把自己的姓改了，便笑着说这是为了戏连“钱”也不要了。他和陈香梅谈廖承志，称：“你的舅父有‘气管炎’（妻管严），你可晓得？”在“文化大革命”初期，他在艰苦的环境下开导吴晗：“天塌下来有高个子顶着。”1992年视察南方，在深圳植物园与工作人员谈到移植四川植物时，邓小平同志回答：“这也属知识产权问题呀，我是四川人，要你们赔偿。”这把在场的工作人员逗得大笑不止。

还有一个故事是说爱尔兰剧作家萧伯纳的。有一位老妇人很喜欢打扮，每天都要花几小时的时间在化妆上。无奈青春不再，红颜易逝，再多的化妆品也掩盖不了她的年龄。不过她不在意，依旧自恋。在一次舞会上，她遇见了大名鼎鼎的萧伯纳，这让她十分兴奋，在她开心地和萧伯纳打招呼后，便让他猜她的年龄。

萧伯纳心里早就明白，不过他还是一本正经地说：“看您美丽的眼睛，应该只有18岁；再看您婀娜多姿的身材，不会超过20岁；还有您那蓬松的头发以及洁白的牙齿，顶多14岁吧！”

贵妇人听到萧伯纳如此赞美自己，愈发地高兴。她激动地问道：“亲爱的萧伯纳先生，那么请您精确地估计一下，我到底多少岁呢？”

萧伯纳说：“关于您到底多少岁，这很简单，只要把刚才三个数字加起来就是您的真实岁数了。18加20，再加上14，您应该是52岁！”

周围的人都笑起来，这位妇人也不好意思地低下了头。

如果说幽默是匹千里马，那么委婉便是驾驭它的缰绳。只有牢牢地控制住了缰绳，你才能更好地去驾驭马。

委婉不会限制幽默，相反，它总能给幽默注入更多的活力，让幽默驰骋得更远！

靠近一点儿再开枪

有一个徒弟，跟着师傅进山打猎，由于是第一次，所以徒弟有些兴奋和紧张。正当他们趴在一条动物经常路过的小溪旁时，一只野猪突然出现在视野里。徒弟很是惊喜，便慌忙地握好枪，瞄了半天，野猪倒没有发现这边的情况，还是慢腾腾地走着。突然“砰”的一声，徒弟开枪了，这一枪并没有击中野猪的要害，它发了疯似的冲了过来，这下可把徒弟吓坏了。正当他准备夺路而逃时，又听见“砰”的一声，野猪应声倒地。师傅收起枪，拍拍徒弟的肩膀，示意他去把猎物拖回来。

徒弟很是纳闷，自己明明瞄准了，也沉住气了，怎么还是打不中呢？师傅看出了徒弟心中的疑惑，便笑着说：“你为什么不等它靠近点再开枪呢？”

故事说到这里，就引出文章的主题了。有时候，我们说话就像打猎一样，能不能击中目标，达到自己预想的效果是最重要的。在这个故事里我们学到了，有时候你可以等猎物靠近一点再开枪，这样自己就能很好地击中目标。

有一个男人，全村的人都知道他很懒惰，所以人们总想着能有个机会让他改改，可是都没有成功。有一次他到朋友家做客。起床的时候，他的朋友来帮他叠被子，男人却笑着说：“晚上睡的时候不是还要弄乱吗，你现在不也是白叠？”

饭后，朋友便忙着去洗碗，懒汉又大笑起来，说道：“下顿还是要吃的，你现在洗了，一会儿不还是要装饭菜的吗，何必现在洗呢？”晚上，朋友见他几天没有洗澡了，便劝他洗澡，懒汉不悦：“反正还是要脏的，何必现在去洗？你们这些勤快人就是爱折腾。”朋友没有回答，但在心里已经想了个好办法治治这个懒汉。第二天吃饭的时候，朋友一改昨天热情的样子，只顾着自己吃，也不去招待懒汉。懒汉问："怎么没有我的饭？"朋友说："反正吃了要饿，你何必吃呢，省得麻烦？"睡觉时，朋友同样只管自己。懒汉又问："我难道就不用睡觉吗？"朋友不解地反问道："你明天早上迟早要醒，又何必要睡呢？"懒汉一听急了，叫喊道："不让我吃，不让我睡，不是要我死吗？"朋友答道："是啊，反正总是要死，你又何必活着呢？"

懒汉的懒实在要不得，但是这个懒汉还为自己的坏习惯辩解，他的歪理看似还有些道理，似乎懒汉懒得理所当然。想必像懒汉这样的人，一定脸皮极其的厚，一般的好心劝解他完全不当回事儿。威力不大的"子弹"是无法给他教训的，所以这位朋友一开始没有纠正他，而是看着他如何将自己的歪理演绎下去，等懒汉"靠得足够近"了，他才运用懒汉的道理，将懒汉驳得无话可说。这就好像近距离开枪，让懒汉哑口无言。

还有一个故事，讲的也是这个道理：

18世纪西班牙杰出画家戈雅疾恶如仇，尤其讨厌那些整日游手好闲的王公贵族。这天，国王查理四世把戈雅召去，假惺惺地对他说："我听说你是我们国家里最好的画家，这么看来只有你才配给王室贵族画像了。今天把你叫来，就是要你为我们王室画张像，要是画好了，我重重地奖赏你。"戈雅想了想，欣然同意了。几天之后，他便把自己画好的像献给国王。国王看后，大吃一惊，因为在戈雅的画中只画了六只手，而画上却有十几个人。国王这下可生气了，他怒气冲冲地质问道："他们的手呢？"戈雅说："我也不知道到什么地方去了！"于是国王要他添上，没想到戈雅坚决不肯，因为他坚信这些王子王孙都是游手好闲的人，有手没手都一样。

这两个故事里的主人公很好地避免了那个徒弟犯下的错误，没有心急，只是等待着最好的时机反击回去。

所谓"心急吃不了热豆腐"，那么就等它凉点儿再吃，免得烫伤了自己。说话也是一样，急匆匆地想着去反击别人，如果对方心有准备，没准还会被对方驳得无话可说。我们也应该像打猎一样，等对方走近一些，然后果断地扣下扳机，让对方无路可逃。

生活中的我们，不妨也试试吧！

7

会幽默，就不必和“小人”生气

“衙斋卧听萧萧竹，疑是民间疾苦声”和“四面湖山归眼底，万家忧乐到心头”对倾听做了很好的描述。倾听是一门艺术，我们不仅仅只听到对方说的话，还要能听出对方的心声。

捧得越高，摔得越惨

从一米的高度，我们往往能轻松跳下；如果是两米，则可能要犹豫一下，跳下后，脚会隐隐作痛；要是换成三米，我想，就没有多少人敢纵身一跃了。

所以在生活中，当我们遇到刁难和揶揄，不妨先捧捧对方，让对方往更高的地方走，这样一来，当我们奋起反击时，对方势必会因为站得太高而摔得比较惨。

李白是著名的大诗人，当时有位宰相叫杨国忠，最忌恨李白的才华，总是想方设法逮着机会刁难他一把。

有一天，杨国忠忽然想出一个办法，他叫用人去请李白，要与其对三步诗，即对诗的人在三步之内说出一首诗，难度很大。可杨国忠的算盘不仅在此，他还想好了一个题目，等着看李白出丑。

李白一只脚刚踏进门，杨国忠便出题道："两猿截木山中，问猴儿如何对锯？"这里的"锯"和"句"是谐音，表面上说锯木头，其实是说对诗，而猴儿，当然是指李白了。

李白听出话里有话，微微一笑，说："宰相起步，三步内对不上，算我输。"

杨国忠觉得李白中计了，心中暗喜，便想赶紧走完三步。不想第一步刚跨出来，李白便指着他喊道："一马隐身泥里，看畜生怎样出蹄？"这里"蹄"谐"题"，实则说出题，主要是想暗讽杨国忠出蹄；"畜生"在这里暗指杨国忠，与上联对得可谓天衣无缝。杨国忠本想好好羞辱李白一番，却不想被李白结结实实地嘲笑了一把。

杨国忠的自作聪明想来有些可笑，面对着才华横溢的大诗人李白，他竟然想凭着自己的一点破学问难倒对方。李白其实早就看出了他的用意，只是在一开始就明说，便没有了这般效果。他假装自己已经上当，正当对方扬扬得意时，突然来这么一句反击，着实让杨国忠“摔”得可是不轻啊。

这样的“捧”，讲究一个不动声色，明知对方恶意刁难，却不直接点破，反而故意踩入陷阱，让对方以为自己那点雕虫小技已经成功，便得意忘形地大肆发难。如果你再逮着机会给其一击的话，那他一定会被这突如其来的冷箭伤得不轻。

我们再看下面这个例子：

有一个英国伯爵因为骑马时不小心，手上受了点轻伤，只是擦破了点皮，有一些轻微的疼痛。伯爵自认高贵，硬是要全城最好的医生威廉来给自己治病。

威廉见到这位自命不凡的“病人”后，十分仔细地给他做了检查。看到医生如此认真，伯爵不免有些开心起来。

突然，威廉大声对着伯爵用人喊道：“快，快去药房取药，一定要快啊。”

这下可把伯爵吓得不轻，心想不会真的有什么大问题吧，便脸色苍白地问医生：“怎么了，我的伤口是不是很危险？不会有大问题吧？”

“是的，”威廉依旧急促地说道，“如果您的仆人不尽快跑的话，那么我担心……”

“将会发生什么意外？”伯爵连大气都不敢出。

“我担心，在他回来之前，您的伤口已经愈合了。”

这个让人大笑不止的故事到这里就结束了，我想大家一定可以想象出伯爵尴尬的表情吧。

生活中我们也常常遇到这样的“病人”，他们兴师动众，一点小事恨不得弄得满城风雨，不知道自己几斤几两重。我们不妨也学学这位医生，面对这样自命不凡的“病人”时，先幽默地捧捧对方，等到对方云里雾里时，再让他彻底地认清自己。

就像相声中的“捧”一样，我们在平常的说话中也可以运用这样的艺术形式，不动声色地把别人捧上天，让对方先得意一下，不过事情还没有结束，就在他扬扬自得的时候再突然放手，让他重重地摔在地上，瞬间认清自己。

借力用力，打打太极

在2008年北京奥运会的开幕式文艺表演中，一段四分多钟的太极拳表演让全世界叹为观止。2000多名武者身着白衣，飘飘若仙，行云流水、连绵不断的动作中又透出一股刚强，给观众留下了深刻的印象。与其他拳术的踢、打、摔、拿、跌、击、劈、刺的特点不同，太极拳讲究的是中正安舒、轻灵圆活、松柔慢匀、开合有序，注重以柔克刚、刚柔相济。很多人也许没有意识到其实太极和口才也有着千丝万缕的关系。拳头属硬，舌头则软。很多人喜欢在一言不合的时候就把硬邦邦的拳头伸了出去，不是两败俱伤便是你死我亡，殊不知在这种时候，用看似柔软的舌头打打太极，却会有更好的效果。

喜欢踢球的李明在体育课结束后意犹未尽，在教室里来回盘带着足球，一会儿挑球过人，一会儿急停变向，还不时来几下“马赛回转”，把同学的书本都弄到地上了，搞得旁边的同学不得安宁。

这时，班长看不下去了，大声说道：“这里是教室，你要是想要炫耀球技的话，请你去操场，不要打扰其他同学学习。”

李明也是个急性子，一听这话，虽然也知自己有些不对，但班长在同学面前如此批评他，让他顿时觉得没面子，索性不去理会，头也不抬，依然我行我素。

班长见自己的劝阻无效，还见对方不理不睬，想来是对方理亏，便火冒三丈，挽起袖子，打算以武力的方式来主持公道了，一场争斗在所难免。

汪华见此情况，赶紧一把拉住班长，笑眯眯地对李明说：“你的球技可是进步神速啊！都快赶上齐达内了，人家是在足球场上‘马赛回转’，而你却在教室这么小的范围都能把动作做得如此娴熟，只是这里恐怕阻碍了你的发挥，留点力气，等放学后再去球场上一展身手吧。”

李明听他这么一说，也笑着点点头，收起足球，回到了座位上。

这里的班长就是典型的拳头比舌头快的人，在劝阻无效后立马想到了用武力解决，而汪华则很好地在话语中运用了太极的精神，没有把话说得过硬，本来尖锐的批评被他处理得温文尔雅，让对方也无法拒绝。这正是太极里的以柔克刚，让生硬的话变得柔软，恰似流水磨平石头一般，把原来的棱角打磨掉，让对方也乖乖听你的劝告。

借力用力也是太极拳的一大特点。俗话说“山头的小草比树高”，这便是个很好的例子。在平常的言语中，我们也不要急着发力，先听听别人说什么，在别人所说的话的基础上，加上自己的话，这样往往能让自己的话更加有力。

凯莉仗着自己的权势，素来目中无人，喜欢刁难和嘲笑他人。一日，她对迈克说：“先生，您知道世界上最锋利的是什么吗？”

“不知道。”

“就是您的胡子呀。”

迈克摸摸胡子，知道对方又在嘲笑自己了，不过他依旧假装不知道，继续问道：“为什么？”

“因为我发现您的脸皮已经够厚的了，而它们居然还能破皮而出。”

迈克听完，笑着反问道：“小姐，那您知道您为什么不长胡子吗？”凯莉自然不知道，她还沉浸在自己的得意当中。

“因为您脸皮更厚，连尖锐、锋利的胡子都无法钻破。”

迈克巧妙地接过凯莉的话，让自己的话更有杀伤力。凯莉是被自己的话所伤，真是自作自受。

这篇文章应该能给你一种豁然开朗的感觉吧？每次在公园的时候看到许多健身的老年人认真地打着太极，我们总会对那种优雅羡慕不已。其实看看上面的例子，我们在生活交往中也可以很好地打打太极。如果我们也能经常“硬话软说”或是“借话回话”，那我们的言语一定更加出彩！牛顿曾说：“如果说我比别人看得更远些，那是因为我站在巨人的肩膀上。”在这里，这句话便可以改成：“如果说我比对方说得更有力，那是因为我站在对方的肩膀上。”

玩笑过度，乐极生悲

生活中常常会有许多意想不到的情形出现，令毫无准备的你感到十分难堪。有的人往往会手足无措，陷于困境当中，只能委屈自己了。聪明的人则会用幽默的眼光来对待它，从独特的视角出发，找出解决问题的办法。

有一次，美国小说家马克·吐温到芝加哥一家旅店住宿。有人告诉他此地的蚊子特别厉害，他在服务台登记房间时，一只蚊子正好飞过来。

马克·吐温对服务员说："早就听说贵地的蚊子十分聪明，果不其然，它竟会预先来看好我的房间号码，以便夜晚光临，饱餐一顿。"服务员听了不禁大笑。这一夜，马克·吐温睡得很好，因为服务员记住了他的房间号码，事先做了一切该做的事。

在社交场合中，幽默的话语虽然能轻松地为你化解尴尬，但使用时要注意在语言表达上一定要温婉谦和，否则的话，效果可能会适得其反，弄得大家不欢而散。

有一次，美国总统里根到国会去参加一项会议。开会前，为了试一试麦克风是否已接通，他便随口开了一个玩笑，说："先生们请注意，五分钟后，我将对苏联进行轰炸。"

一语出口，全场哗然。后来，苏联针对此事提出了强烈抗议，弄得里根很难堪、很狼狈。

由此可见，开玩笑过度，将会造成无法挽回的后果。

那么，应该如何恰到好处地运用幽默呢?

1.开玩笑要因地而异，切忌不分场合，造成与环境不和谐的结果

在庄严肃穆的场合，开玩笑就会破坏严肃的气氛，使人感到不合时宜。在喜庆欢快的场合，开玩笑固然可以增添轻松愉悦的气氛，但是如果玩笑开得失当，也会让人非常扫兴。

2.开玩笑的格调要健康高雅，切忌污言秽语

这里面包括两层含义，一是从内容上，不要开品位低下的玩笑，比如不要拿别人的个人隐私和短处当作笑柄，更不要把那些低级趣味当作玩笑，这样的玩笑不仅不会让人愉快，还会造成别人对你的反感，认为你是缺乏文明修养的人；二是从形式上，开玩笑不要言语粗俗。

如果你能够恰如其分地把你的聪明机智运用到智慧的幽默中来，使别人和自己都享受快乐，那么你就会得到更多人的喜欢和钦佩，获得更多朋友的支持和关心。这对你实现自己的目标，逐渐步入成功者的行列会非常有帮助。

总之，开玩笑应是善意逗乐，促进彼此的感情交流，而不是恶意取笑，占对方的便宜。所以，在开玩笑时一定要把握好分寸。

灵活面对，让对方无路可退

在一次毕业典礼上，一群学生问老教授对即将走上社会的他们有什么忠告。“踏实做人，灵活做事，”老教授认真地说道，“意思是说你们以后要做一个踏实的人，但在面对事情的时候要灵活面对。这是我送给你们的八字箴言，也希望它能在以后的人生道路上给你们很大的帮助。”

的确，“踏实做人，灵活做事”，是一句非常实用的关于为人做事的箴言。在社会上遇到不同的事，面对不同的情况，我们应当灵活面对，同时，我们还要保持一颗踏实的心，这样才能处理好所面对的事。

某网站经常给出讨论的问题，并鼓励广大网友积极参与讨论。有一期他们的问题是：

你与同学分在一家企业，他因处事灵活，被上级领导提拔而成为你的领导，但他的业务水平不如你，因此在工作上，他常常为你设置障碍，生怕你对他构成威胁。你是找上级领导反映情况呢？还是忍气吞声，或者采取其他措施？

也许很多朋友在工作中遇到过类似的情况，因为外部的变化，我们总是不自觉地被推入到困难的境地。其实，造成这样的原因不在于我们自己，但是却很难向别人说清楚情况。是无谓地怨天尤人，感叹自己的命运不济，还是努力找出一个解决的方法，让自己走出困境呢？我们来看看其中四位网友是怎么回答的：

1.灵活处事才能胜出

遇到这种情况，找上级领导反映或忍气吞声都不是上策。要是你没有足以让上级领导“休”掉他的理由，到头来，非但不会博得上级领导的好感，还会令你备受他的“迫害”；而忍气吞声，又太对不住自己了。如果是我，我将灵活处理这种情况。

首先，你听到他被上级领导提拔是因为他处事灵活，可处事灵活并不等于溜须拍马，而是工作中的一大优点。任何人被提拔都有其道理，不能一味看低别人，要多在自己身上找原因才能治标又治本。既然你已经有了业务水平上的优势，为何不在处事灵活上多下一点功夫？

处事灵活包括很多方面，跟同事和领导搞好关系就是很重要的一条。在不违反原则的情况下，对于你的上司兼同学给你设置的障碍就当不知道，毫不计较，久而久之，他便会对你解除戒备。

你的业务水平加上处事灵活，领导下次看上的也许就是你。工作实际上就是一个磨炼人的过程，权衡轻重，还需自己斟酌。

2.不幸是这样一种机遇

有这样的同学已经够不幸的了，还要与他一起工作、受他的气，真是倒霉到了极点。如果按一般人的想法，你有理就应该趁着有理和他斗争到底。但就目前的情况来说，你的同学刚刚被提拔，正是春风得意之时，也是正受领导重用之时，你要是去找领导说明他的问题，领导多半是不会相信的，弄不好还会怀疑你嫉妒。结果，不仅问题没能解决，还和你的同学加上司彻底翻脸，害得自己两面受气、被排挤。我认为，如果一个人处在这样的情况下，已是到了非常时期，应该当机立断，一走了之。

不过，一般人或许考虑更多的是怎么能吞下这口恶气。我认为，男子汉伸能为九天之龙，取帝王之剑号令天下；屈可做九地之鳖，闻厨刀霍霍而无可为。不要再过“人为刀俎，我为鱼肉”的日子，换一个施展才华的地方，轻装前进。

3.假痴不癫，反客为主

古书上说：“用兵如孙子，策谋三十六。”从某种意义上说，职场如战场，你面临了一场没有硝烟的战争，若你能巧妙借助《三十六计》（秘本兵法）之妙计“假痴不癫，反客为主”，就能化险为夷、扬眉吐气。

“假痴不癫”指的是伪装、装聋作哑，而心里特别清醒。你的同学身为你的直接领导，自知业务水平不如你，便对你产生戒备之心，处处为难你。心知肚明的你已处于不利的形势，切记不要向上级领导冒然反映情况。你必须适当隐藏自己的才能，掩盖内心的抱负，工作上避免与他正面冲突，尽量完成他安排的任务，私下里还须与他保持良好的同事关系，消除他对你的戒备之心。

“反客为主”是指要循序渐进、趁隙插足。当他对你不再有防备之心的时候，你也已经稳住了脚跟，然后步步为营。业务水平颇高的你，在工作中稳扎稳打，定会引起上级领导的重视，然后等待时机，表现自己。例如，公司有一笔数额很大的业务需要交涉，却无人能胜任，蓄势待发的你便可毛遂自荐，抓住时机，出色地完成这项任务。我想，公司本着“能者居上”的用人原则，你就可以实现自己的抱负，或是与你的同学平起平坐，或是一跃成为他的领导。

事事难料，“三十年河东，三十年河西”，谁又能说得准呢？

4.善待自己

问题找来时，恐怕躲是躲不掉的，那就直接面对吧。忍气吞声应该是下策，因为人们只有将工作当作一种乐趣，才能以欣欣然的心态做事，那么还能有什么问题不能解决呢？其实，如果不是出现了不愉快，能与同学分到同一个企业，两人有相同的经历，同窗情谊使两人之间的合作可以相得益彰。

但因为嫉妒使你受到同学的排挤，你也许首先考虑的是调动，可工作让你不能放弃，又不想委屈自己，那么与这家伙好好谈谈吧。告诉他，在竞争的年代，人为设置障碍不仅被社会所不齿，也很浪费精力，两人处处为敌，结果两个人的前途都给耽误了，与其如此，不如共同发展。

在与老同学无法沟通的情况下，找上级领导反映情况也不失为一种可选的方法。也许领导可以帮你解决矛盾，但请慎言，不要把“反映情况”搞成义愤填膺的批判或申诉，实事求是讲明自己的困惑，明理的上司自然会处理好这类事情。

上面这些网友的意见能否给你一些启发呢？如此进退两难的境地，貌似无法找到有效的解决办法，但是只要你敢于去找解决的方法，灵活地处理遇到的情况，一定会“柳暗花明又一村”的。

通俗地说，如果我们遇到一堵无法翻越的墙，绝望地坐在墙角哭泣，放弃欣赏墙后面的风景，或是有勇无谋地冒着生命危险去翻越这座墙，这都不是好的方法。我们不能被一堵墙堵死了自己的思考，而是应该灵活地去面对它，比如找找墙上是否有门，又或是否有条捷径能绕过它，相信我们一定会有意外的惊喜。

言有尽而意无穷

话中有话是指在一定的语境中，说话者故意在语言中暗含弦外之音、另有所指。遇到不便直言或不能直言的情况，不妨采用这种方式，反而更能产生令人意想不到的讽刺效果。

从前有个大富翁，是个十足的铁公鸡。有一天他吃饭的时候，正好有客人来访，于是他把客人留在客厅里，自己偷偷地溜到里面去吃饭。客人心中着实不是滋味，便故意大声地说："哎呀，真是可惜，好好的一座厅堂，许多梁柱却被蛀虫蛀坏了！"

主人在里面听到了，慌忙跑出来，问道："咦，蛀虫在哪里？"

客人朝他身上打量了一番后，回答说："它在里面吃，外面怎么知道？"

客人的话表面上是说蛀虫，其实暗指主人，主人心知肚明，但也不便发作。

美国作家马克·吐温也是善用这种方法的高手。他写文章善于讽刺，充满幽默。在现实生活中，马克·吐温其人亦出语犀利，句句充满了诙谐的情趣。

有一个为富不仁的大富翁，他的左眼完全瞎了，无法复明，后来，他花了大把的钞票，装了一只假眼。这只假眼睛做得惟妙惟肖，宛如真的眼睛一样。

这个富翁得意极了，逢人便问："请你猜一猜，我的眼睛哪一只是假的？"每当回答者猜错了，他便喜形于色、得意非凡。也有些人给他戴高帽子："阁下真是财大命好，连假眼睛也做得跟真眼睛一样。"一番马屁话，说得他心花怒放。

有一回，他遇到了马克·吐温，为了炫耀他的假眼睛，他又提出了那个

“猜一猜”的老问题：“请你猜一猜，我的眼睛哪一只是假的？”

马克·吐温毫不犹豫，立刻指着富翁的左眼说：“这只眼睛是假的。”

富翁很不识相地继续问：“你怎么知道的？”

马克·吐温回答道：“因为从你的左眼中，我看到还有一丝慈悲。”

马克·吐温的言外之意是，那个大富翁是没有慈悲之人。

会幽默，何必生气

先让我们看看一些名人在幽默和生气之间会选择谁：

一次酒会，有位女士带着戏谑的口吻向英国生物学家达尔文提出疑问：“达尔文先生，听说您断言，人类是由猴子变来的，我也属于您的论断之列吗？”

“那当然喽！”达尔文看了她一眼，非常有礼貌地答道，“不过，您不是由普通猴子变来的，而是由长得非常迷人的猴子变来的。”

大哲学家苏格拉底的境地就很惨了。

苏格拉底有一次在家看书，不想他的妻子又发起火来。她大骂苏格拉底，言语中充满着不满和愤怒。苏格拉底并不生气，只是默默地坐在那里，但他的妻子并没有因为这样而罢休，依旧大声地朝他吼叫着。这时听到外面有个学生找自己，苏格拉底便跑去院子里开门，而他妻子却把一盆水全部泼在了他身上。学生看到这样的情景也觉得十分尴尬，心想：“老师一定要大发脾气了，自己来得真不是时候啊！”苏格拉底却笑了笑，无奈地对那学生说道：“我早就知道了，打完雷必然会下雨的。”

又有一次，朋友与苏格拉底聊天时问他怎么找个脾气如此不好的女人当妻子。苏格拉底并不介意别人这样问，还一本正经地回答道：“驯马师都喜欢找最烈的马来驯服，这样才可以彰显自己的本领。同样的道理，所以我找了个脾气最不好的女人来当妻子。”

碰到上面的情况，大多数人早抱着“是可忍，孰不可忍”的想法大发脾气了。在怒火冲天的时候，人们仅仅想到了忍或是不忍，却不知道在这两者之外还有一种处理的方式，那便是幽默地化解。俗话说“兵来将挡，水来土掩”，当怒火如洪水般汹涌地冲向你的头脑时，你大可用幽默这把土把它掩埋。

其实，幽默面对怒火是一种处世方式，更是一个人素质的体现。你在快要生气的时候总是想着怎么去用幽默化解时，那么恭喜你，你已经养成用幽默代替生气的好习惯了，这样以后，你会发现你可以灵活地面对许多事。

可能有的朋友要说：“你举的都是名人事迹，和我们普通人不同。名人有着很好的涵养，他们当然有这样的胸怀用幽默代替生气。而我们普通人想要做到这点就难许多，几乎不可能，如果我们也能那样，我们也成名人了。”

怎么回答你们呢？只能说你们妄自菲薄，低估自己的能力了。其实，在这里并没有什么名人和普通人的区别，名人也是从普通人里出来的，说得直接点，就是从你我他里走出来的。他们能做到的我们也一样能做到。

让我们看一个发生在我们周围真实的例子吧！

在天涯博客上，有位老师这样记述了自己的经历：

下午上课真是件辛苦的事！

学生精神涣散、注意力不集中也就算了，他们还会趁着这个时候，讲起话来，所以下午45分钟，至少有七八分钟用来讲纪律吧。下个星期期中考试，感觉还没完全复习透彻，想争取时间多讲点，可这个时候学生却好像可有可无，真是皇帝不急太监急啊。但总还是希望他们能听点，于是不厌其烦地一遍遍讲纪律，讲完纪律继续讲课。两个班都如此。两节课下来真是力竭声嘶，无力再讲。

最后一节自习课，强打起精神，去看自习。来到教室，教室里还是乱哄哄的。因为Z和C两个人不知因什么事，打翻了桌子，Z把C摁倒在地，其他的学生忙着看热闹呢。见我进了教室，Z和C赶紧爬起来，扶正桌子。见到这样的情形，心里直冒火。这时有个很机灵的学生说：“老师，您来得真及时，看到了这精彩的一幕。”我想当时我的脸色肯定不好看，因为学生们都安静下来了，我相信他们也都看着我，在他们的心里也许正等待着一场暴风雨的到来吧。

就在这时，我想起了学生L的周记，她说我什么都会，只有一样不会，而且是最重要的一样——笑。还举了个例子，课堂上，我抓了个走神的学生回答问题，他的风马牛不相及的答案，让他们捧腹大笑。这个时候他们是多么希望我也能笑一笑，这尴尬的场面也就过去了。可是我不笑，只冷冷地看着他们，这让他们害怕，于是赶忙收住了笑，心里瑟瑟的。这打击了他们课堂上学习的热情，使得接下来的课堂沉闷了。想到这儿，我压下心中的怒火，把即将脱口而出的批评咽回肚子里，换下满脸的怒容，转为微笑："我想我们全班同学都要感谢Z和C两位同学，在这么紧张的学习生活中给我们带来了如此精彩的表演。"同学们"哄"地笑开了。接下来的这节自习课，井然有序地过去了。纪律不需要我讲一句，各做各的一份事去了。

很多时候我们在处理学生问题时，在生气与幽默中，我们选择了生气与指责。这时，我们的确把自己的怒气宣泄了，但我想对学生来讲，这种愤怒的指责只会让他们反感，特别是当着全班学生的面，更让他们朝着反抗甚至对抗的道路走下去，而用幽默这种低调的处理方法反而会收到更好的效果。

这个故事就发生在普普通通的人民教师身上。一个普通的人，从事着普通的职业，也能在怒火快要窜出头时用幽默把它压制住。回想一下我们小时候读书的情况，倘若出现一位这样的老师，那应该是件很幸福的事情了。

心理学家常说，发怒是一种负面的情绪。没有一个人是通过发怒而交到朋友的，没有一笔生意是通过发怒而做成的，也没有一对恋人是因为发怒而相爱的。所以我们要做的，便是用幽默这个良方来医治自己的怒火。

有时候，一颗宽容的心，几句幽默的话语，就可以把肝火化为笑意，把敌人变成朋友，何乐而不为呢?

会说，也别忘了倾听

夸夸其谈的人也许很满意自己的口才，但他们往往忽视了一样更重要的东西——倾听。

我在这本书里一直强调“说”的重要性，这里也要说说它的一位好朋友——倾听。殊不知“听”是“说”的源头。我在另一章里曾提到“听说听说，有听才有说”，所以，这里不再赘言关于“听”对“说”的重要性。其实，“听”不仅对于“说”很重要，在人际交往中它也扮演着重要的角色。

“衙斋卧听萧萧竹，疑是民间疾苦声”和“四面湖山归眼底，万家忧乐到心头”便是对倾听做了很好的描述。倾听是一门艺术，我们不仅仅只听到对方说的话，还要能听出对方的心声。

记得以前看过一则新闻，说是某个学生在学校里出了事，左脚摔成骨折。心急的家长气冲冲地找学校校长算账，被保安挡在门外。双方的情绪都很激动，甚至开始推搡起来了。这时校长来了，他没有急着为自己辩解，只是大声喊着：“家长们，你们的情绪我可以理解，但是我希望我们能做一次坦诚的交流。我说的时候，希望你们认真听，你们说的时候，我一定不打断，这样对我们解决这件事情有很大的帮助。”于是，大家都安静下来听着双方的发言。在这一说一听中，家长了解了校长工作的难处，校长也知道了家长爱子心切的苦衷。最后，大家在相互谅解的前提下和平地解决了这件事，而且还在后来成为了好朋友。

在遇到一些矛盾冲突的时候，我们总是想着怎么去说，似乎只有说得很好我们才能有安全感，才能有赢的信心。“说”固然是重要的一环，但也不可忽视了“倾听”。这两者就像人的两条腿，任意一条断了，我们都无法跑快。

众所周知，汽车推销员乔·吉拉德被世人称为“世界上最伟大的推销员”。他曾说过：“世界上有两种力量非常伟大，其一是倾听，其二是微笑。倾听，你倾听对方越久，对方就越愿意接近你。据我观察，有些推销员喋喋不休，因此，他们的业绩总是平平。上帝为什么给了我们两只耳朵一张嘴呢？我想，就是要让我们多听少说吧！”

著名学者查理·艾略特也说：“专心致志地听人讲话是最重要的，也是对人的最大尊重。”

乌托先生从商店买了一套衣服，很快他就失望了：衣服会掉色，而且将衬衣的领子都弄脏了。他拿着这套衣服来到商店，找到售货员，想向他说明事情的经过，可是他没做到，售货员总是打断他的话。

“我们卖了几千套这样的衣服，”售货员声明说，“你是第一个找上门来抱怨衣服质量不好的人。”他的语气似乎在说：“你在撒谎，你想诬赖我们。等我给你点厉害看看。”

吵得正凶的时候，第二个售货员走了进来，说：“所有深色礼服开始穿时都会褪色，一点儿办法都没有，特别是这种价钱的衣服。”

乌托先生差点气得跳起来，他想：“第一个售货员怀疑我是否诚实。第二个售货员说我买的是二等品，真气人！”

他正准备说“你们把这套衣服收下，随便扔到什么地方，见鬼去吧”的时候，这个部门的负责人来了。

这位负责人很内行，他的做法转变了乌托先生的态度，使这位被激怒的顾客带着满意的笑容离开了。这位负责人是这样做的：

他一句话也没讲，听乌托先生把刚才发生的事情讲完，然后他开始反驳这两个售货员，站在乌托先生的立场说话。他不仅指出顾客的领子确实是因衣服褪色而弄脏的，而且还强调说商店不应当出售使顾客不满意的商品。后来，他承认他不知道这套衣服为什么出毛病，并直接对乌托先生说：“您想怎么处理？我一定遵照您说的办。”

几分钟前还准备把这套可恶的衣服扔给他们的乌托先生心平气和地说：“我想听听您的意见。我想知道，这套衣服以后还会不会再染脏领子，能否再想点什么办法。”

这位负责人建议乌托先生再穿一星期。“如果还不满意，就把它们拿来，我们想办法解决。请原谅，给您添了这些麻烦。”他说。

乌托先生满意地离开了商店。七天后，衣服不再掉色了，他完全相信这家商店了。

每一个经受过困难的人都需要别人听他讲话，每一个被激怒的顾客、每一个不满意的职员或受委屈的朋友都需要耐心听他人讲话。

如果你想成为好的经营者，那你就应做一个善于倾听别人讲话的人。

必须记住的是，千万不要打断顾客的话，让顾客更清楚地陈述自己的意思，充分表达他的异议，即使你知道他下一句要说什么，也不要试图打断他。对客户要有礼貌，要认真听他所说的，尽力做出反应，给予合理而又巧妙的回答。因为，认真的倾听至少能给你三个好处：一是体现了你对对方的尊重；二是获得了更多成交的机会；三是更有利于找出顾客的困难点。

不仅是经营者，在生活中的每个场合，你都要学会倾听。在家里你应该倾听亲人们在诉说着什么，在工作中你应该倾听同事们在讨论着什么，在聚会时你应该倾听昔日的同学在调侃着什么。一个好的倾听者，才能扮演好生活中的每一个角色。只要你想成为一个有作为的人，你就必须学会倾听，这样你才能在人生的赛跑中跑在最前面。

8

幽默要新鲜，才不惹人厌

我们在展现自己幽默才华的时候要切记这一点，不可同样的技巧在同一人面前使用两次。好比你曾经讲的某个笑话把气氛充分地活跃了起来，如果你再讲的时候，曾经听你讲过的人不巧又在现场，那你就无比的尴尬了。

寓庄于谐的语言酵母

日本心理学家多湖辉把幽默称作“语言的酵母”。幽默是智慧、爱心与灵感的结晶，是一个人良好素质和修养的体现。创造出幽默就是创造出快乐。

幽默能表现出说话者的风度、素养，使人在忍俊不禁之中、在轻松活泼的气氛中工作。恩格斯曾经说过：“幽默是具有智慧、教养和道德上优越感的表现。”幽默能表事理于机智，寓深刻于轻松，给周围的人带来欢笑和愉快。幽默运用得当时，能为谈话锦上添花，让人轻松之余又深刻难忘。

美国前总统卡特在南方时，曾虔诚地接受过基督教的洗礼。由于这段经历，记者们常常喜欢让他就道德问题发表看法，其中不乏一些不太礼貌的难题。

有一次，一位记者问卡特：“如果有人告诉你，你的女儿与别人有不正当的恋爱关系，你将做何感想？”

卡特回答说：“我会大吃一惊，不知所措。”稍作中断后，他又加上一句：“不过现在还不用操心，她才刚刚七岁。”

幽默能够迅速消除人与人之间的陌生感，并为说者增添魅力。通常，幽默是将生活中的各种令人烦恼的问题以轻松诙谐的语言表达出来，但是幽默不是毫无意义的插科打诨，也不是没有分寸的卖关子、耍嘴皮。幽默要在入情入理之中，引人发笑，给人启迪。

幽默和表情分不开。德国哲人黑格尔曾说过：“同样一句话，从不同人嘴里说出来，具有不同的含义。”其实，同一句话，即使是从同一个人嘴里说出来，也可能因为音量、音调、音质的不同，面部表情有异，而带有不同的含义，给人以不同的感觉。

鲁迅先生讲话生动幽默。一次，几个朋友和他谈起国民党的一个地方官僚下令禁止男女同在一个学校上学、同在一个游泳池里游泳的事。

鲁迅先生说："同学同泳，皮肉偶尔相碰，有碍男女大防。不过禁止以后，男女还是一同生活在天地中间，一同呼吸着天地中间的空气。空气从这个男人的鼻孔呼出来，被那个女人的鼻孔吸进去，又从那个女人的鼻孔呼出来，被另一个男人的鼻孔吸进去，淆乱乾坤，实在比皮肉相碰还要坏。要彻底划清界限，不如再下一道命令，规定男女老幼，诸色人等，一律带上防毒面具，既防空气流通，又防抛头露面。这样每个人都是……喏！喏！"

鲁迅先生边说边站起来，模仿戴着防毒面具走路的样子，朋友们笑得前仰后合。

山间清泉之所以汩汩流淌，是因为它的下面永远有不竭的水源；幽默者之所以语言风趣，是因为他的内心永远都拥有一种豁达开朗的境界。

心情沉重的人，是笑不起来的；充满狐疑的人，话里肯定不会洋溢着暖融融的春意；整天牵肠挂肚的人，话里肯定有着解不开的忧郁。只有心胸坦荡、超越了得与失的大度之人，才能笑口常开、妙语常在，话中总是带着对他人意味深长的关爱，带着对自己不失尊严的戏谑。

当然，幽默并非某些人的专利，幽默是一门任何人都能掌握的语言艺术。林语堂在论及幽默时说道："幽默是由一个人旷达的心性中自然而然地流露出来的，其语言中丝毫没有酸腐偏激的意味，而油腔滑调和矫揉造作，虽能令人一笑，但那只是肤浅的滑稽笑话而已。只有那些巍巍荡荡、朴实自然、合乎人情、合乎人性、机智通达的语言，才会虽无意幽默，但却幽默自现。"

阳光普照大地，无欲无为，但却造就了自然界的勃勃生机；幽默的人，说出来的话虽让人感到如憨似傻，却因心境豁达，反而令人感受到幽默者宽厚的天性和无穷的智慧。

当我们也拥有一份旷达朗润如万里晴空的心境时，我们说的话，其实也可以达到“虽无意幽默，但却幽默自现”的境界。

谎言重复成真理，幽默重复无人听

我国古代有个成语叫“三人成虎”，出自《战国策·魏策二》，原意指多个人谎报集市里有老虎，听者就信以为真，比喻谣言经过多人重复述说，就能使人信以为真。

保罗·约瑟夫·戈培尔，纳粹德国的宣传部长也曾经说过类似的话：“谎言重复一千遍就会变成真理。”

如果谎言重复一千遍就会变成真理的话，那么幽默呢？

还是让我们从春晚说起吧。韩寒曾在博客里面说：“在10年前，春晚是全国下一年流行语的发源地，春晚提供给大家笑料。在今天，春晚本身就是一个笑料，它只能在网络上捡一点儿已经过时的流行语和段子，居然还捡了我17岁时候写过的一个比喻句，而且这个比喻句光在央视其他节目上我就看到用过三次。”我们仔细想想也会发现，现在的春晚小品很难出现像之前的《吃面条》《主角与配角》这样的经典之作了。除了赵本山的作品还能让大家偶尔一笑之外，其他的语言类节目几乎陷入了与笑绝缘的境地。我想很大的原因是因为春晚小品里的“包袱”，很多都是从网上借鉴来的段子，而这些广为流传的段子几乎家喻户晓，所以人们在春晚舞台上再次看到的时候，就很难笑出来了。

据说，国外的社会学家曾做过这样一个验证：他们随机请来20位实验者，并说一些笑话给他们听。统计后的数据表明，在他们第一次听到某个笑话时有18人笑了起来，而当他们第二次听到同样笑话的时候，却只有三个人笑了。

这样的实验也许在很多人看来很无厘头，但是却说明了一个现象：笑话一重复便不那么好笑了，重复是扼杀笑话的最大杀手。试想，在书里提到的那么多幽默技巧故事，如果当事人反复地使用，不仅杀伤力大减，还会让别人觉得无趣。

我们在展现自己幽默才华的时候也要切记这一点，不可同样的技巧在同一人面前用两次。好比你曾经讲的某个笑话把气氛充分地活跃了起来，如果你再讲的时候，原来听你讲过的人不巧又在现场，那么你就无比的尴尬了——本来是成功的喜剧，瞬间就变成悲剧了。

强扭的瓜不甜

让我们先从电影说起。

对于能够拍出《风语者》《变脸》《碟中谍2》等一系列经典电影的吴宇森来说，他的新作品《赤壁》无疑受到了很多影迷的期待。但是当这部电影真的呈现在观众面前时，却引起了很大的争议，尤其是里面的对白，更是让许多观众觉得就像吞了一只苍蝇那般恶心。也许会有支持的观众认为这是吴宇森成功转型的标志，他在电影里的确适当地加入了些幽默的元素，但是更多的人认为，这种牵强附会的幽默，只会给人以生搬硬套的感觉，没有任何的笑点。让我们看看里面的一些对白：

1.刘备为前往东吴游说孙权的诸葛亮践行，盛了一大碗饭，说：“去东吴路途遥远，需要体力，多吃点儿。”

2.“大人，不好了，难产了！”一个老臣慌忙跑来报告给周瑜，而镜头一转，原来是小乔在给一匹马接生。

3.周瑜给小乔介绍诸葛亮：“他姓诸。”

4.诸葛亮给那匹马接生，周瑜问：“这个你也懂？”诸葛亮说：“略懂，我帮过牛接生，马应该是一样的吧。”

5.孙尚香主动请缨要参与赤壁大战，她眨着一双小燕子式的大眼睛，面带微笑地说：“天下兴亡，匹女有责。”

6.曹操出神地望着小乔的画像，侍卫有些暧昧地说：“丞相，欲望过多，思念过盛，也会引起头风症。”曹操回答：“你难道没听说过，欲望使人年轻？”

7.诸葛亮在摇着扇子，周瑜说："这么冷，你还要扇扇子？"诸葛亮回答："它可以让我冷静。"

8.诸葛亮正在给白鸽扇扇子，周瑜问："你在做什么？"诸葛亮回答："我刚给它们洗完澡，正在给它们扇风。"周瑜冷冷地回答："你也不怕它们着凉？"

首先，抛开历史人物如此说话是否合适不说，导演可能还寄希望于这样的对白能给观众带来许多快乐，然而这样的对白只会给人生硬的感觉。比如，第8条里的周瑜冷冷地回答的"你也不怕它们着凉"就让人觉得很不合适，"着凉"二字用在白鸽身上的确有些反差的效果，但是在这样的语境中只会让人觉得十分的不适合。

还有第3条中的"他姓诸"，明显是想用小学生级别的口误来达到幽默的效果。但是这样的情况发生在大将周瑜身上，观众会喜欢吗？在之前的报道中提到，观众在听到这些台词的时候发出阵阵的笑声，这看似达到了导演的期望，但是这样的笑声不是因为幽默而笑，我想更多的是被雷倒后尴尬的笑声吧。

同样是喜剧，让我们再来看看周星驰的电影。他电影里的幽默来得更自然，没有丝毫强加的感觉，不是单纯地为了让观众笑才去幽默，而是更多地注重电影本身的需要。周星驰的电影有很多的无厘头片段，但正是由于他电影本身基调的确定，还有剧情上的前后呼应，才让这些笑点显得恰到好处。

说完了电影，再让我们回到生活中来。其实，在生活中的幽默也是一样，不可刻意地去幽默。也就是说，如果我们仅仅只是想给别人一个幽默印象而去故作幽默的话，别人就会觉得我们的幽默有些牵强了，一点也不好笑。

曾经听到某个同学说起这样一个故事：

巴顿将军为了显示他对部下士兵生活福利的关心，对下属食堂来了次突击检查。来到食堂后，他看见两个士兵站在一个大汤锅前。"让我尝尝这汤。"他的语气不容质疑。

"可是，将军……"士兵的脸上有些尴尬。

“没什么‘可是’，我就是要突击检查，不给你们准备的机会。给我勺子！”将军拿过勺子喝了一大口，眉头紧紧地皱了起来。“太不像话了！”他厉声呵斥道，“怎么能给战士喝这个？这简直就是刷锅水！”

“我正想告诉您这是刷锅水，没想到您已经尝出来了。”士兵答道。

这便是幽默，虽然反差那么大，但是前后连贯得极其自然。这样的笑话定能让人开怀大笑起来。

幽默恰恰就是需要这些反差，才能给人意想不到的效果，可是反差这东西不像瀑布，越大越壮观。我们在口才中运用反差的时候一定要注意自然，不要给别人生搬硬套的感觉，要让一切转折都那么自然，不然笑点全无。

幽默便是这样，宛如蜻蜓点水一般，却又似画龙点睛的一笔。

幽默也应有个度

凡事都要有个度，俗话说“物极必反”。过度的幽默就不叫幽默了，这样变质的幽默不仅让人笑不起来，还可能会伤害别人，成为人与人之间矛盾的导火索。

有个老师在他的日记中讲到了这样一个故事：

那是一节英语课。课上，我发现李磊的头发还没剪。他额前的头发故意留了两绺，比较长，前两天我已经提醒他剪掉了，结果今天上课一看，那两绺头发还弯弯曲曲“躺”在额前，我就想怎么能让他在轻松的氛围下理解我的用意，回家把头发剪了呢？我马上想到了何不幽他一默。

于是我叫他回答问题，答完后，我说：“以后李磊出去可丢不了了，因为我们看到他额前那两绺头发，就能把他认出来！咱班同学太有特点了！”话音一落，全班同学哄堂大笑，还有同学接话说：“老师，他还说自己是叶烁（新流行的偶像剧《一起来看流星雨》中帅气的男主角之一）呢！”我答道：“我看怎么像小沈阳呢？”说完，同学们又是一阵乱笑，边笑边把目光投向李磊。

我又接着讲课了，但是李磊像是受了什么奇耻大辱似的默不作声，还用手一直捂住前额，把头埋得很低很低。我感觉到不对劲，不一会儿又叫他回答了一个问题。我继续调侃道：“李磊不好意思了吧，来回答个问题吧！”他站起来匆匆回答完后，又匆匆坐下了，在这一过程中，手一直捂着前额。放学的铃声一响起，他简单收拾起书包，连队都没站就不见了踪影。我预感到，我可能伤害了他。

回到办公室，我的心久久不能平静，怎么会这样呢？我只是想跟学生开个玩笑，想以一种幽默的方式提醒他改进，怎么会伤害他了呢？或许我的幽默过了头吧？或许我没有考虑到他性格中内向脆弱的一面吧？总之，一定是我错了！

我坐立不安，马上给他家打电话，接电话的是他妈妈，说他还没有到家，我便嘱咐她让孩子到家后给我回个电话。

半个小时后，电话铃声响起，电话那头很沉默。

“生老师的气了吗？”我问。

“嗯！”他低落而坚定地回答。

“为什么呢？”

“因为我受不了别人侮辱我！”

我很震惊，原来我自认为的幽默居然让他感到受了侮辱！

“你认为老师跟你开玩笑是善意的还是恶意的？”

“恶意的！”他依然坚定。

我一时语塞，不知说什么。

在接下来的谈话中，我尽全力去解释我并无恶意，而且承诺：“我会在全班同学面前给他道歉，以挽回他的尊严！”他终于轻松了许多。

这便是幽默过度的事例。老师本是出于好意地提醒这位同学，不想因为玩笑开得有些过分了，对学生的心理产生了不小的影响。所以说，幽默一定要适可而止，不然便会适得其反。

我们在幽默的时候应当注意哪些问题呢？

总体来说，我们应该注意三个问题：

首先，不要进行人身攻击，一定不要抓住对方的身体缺陷进行嘲笑，比如残疾人。这样的行为只会招来对方反感和旁观者的厌恶，这种无情地揭别人伤疤的行为，只不过是把自己的快乐建立在别人的痛苦之上。赵本山的小品固然好笑，但是也因为调侃弱势群体而遭到许多非议，从一开始的嘲笑残疾人到现在的贬低寡妇，都引起了许多人的反感。

其次，不能冷嘲热讽。不管是否出于好心，冷嘲热讽的言语都会被别人理解为恶意的攻击，只会让你陷入百口莫辩的境地，就像上面例子里的老师一样。

最后，要对自己的幽默所造成的结果有预见性。比如，捉弄别人的恶作剧就不可能产生好的结果，对别人造成的伤害也会很大。

上面说到了三个比较大的方面，下面我总结了一些在幽默时应该注意的小环节：

1.幽默的时候一定要分情况、分场合

有些幽默只在特定的场合下才能起作用，放到其他的地方则很有可能会造成不小的误会。比如，广为人所诟病的“杨丞琳抗日言论”便属于这一种。在电视综艺节目《我猜，我猜，我猜猜猜》的某个环节中，主持人吴宗宪说到抗日战争整整打了8年。没想到这时候，杨丞琳突然冒出一句：“才八年而已啊。”就是这一句话，让杨丞琳备受网友批评。也许，她只是为了节目效果需要而习惯性地否定吴宗宪而已。但是这种时候拿这种事来开玩笑，不仅是对先烈们的不尊重，还伤害了许多人的民族感情。虽然她在后来也对自己的言论多次道歉，但是效果甚微。没有人愿意原谅这样无知的玩笑。

2.开玩笑的时候避免伤害别人

开玩笑的时候，只要在场的人中有一个因为你的幽默而受到伤害，就可以说你的幽默是失败的。

记得一次在同学聚会的时候谈起城管，有位同学说道：“我看网上的图片，城管处理起小摊小贩来真是‘英勇’无比啊！简直可以和我们特种部队相比了。什么恐怖分子，见着城管大队就缴枪不杀了。”虽然大多数同学都哈哈大笑起来，但是我注意到有一位同学却低下了头，原因很简单，因为他父亲的职业正是城管。我可以理解那位同学当时的感受，虽然开玩笑的同学出于无知，但是这样的玩笑是无法收回的。所以说，在开玩笑之前要尽量避免伤害到在场的任何人，即使是无意的也不行。

3.不要嘲笑别人的长相

长相这东西是生来决定的，不是个人可以左右的，所以你自嘲自己的长相没有关系，还会让别人看到你的豁达，但是千万不要去嘲笑别人的长相。“爱美之心，人皆有之”，尤其是对于女性朋友来说，最不能忍受的就是别人拿自己的长相开玩笑。相反，对于别人的长相，我们都是应该以赞美为主。

4.机会稍纵即逝，幽默也要抓住时机

有时候听别人说话时，恰巧有一句话可以让你发挥一下幽默的才华，这时候你便要赶紧出手，不然等到大家聊到别的话题了，你有力也使不上了。如果你还强硬地把幽默丢出去，不仅效果不好，而且还会让别人觉得你反应迟钝，最初的话题，怎么现在才说。

比如，有位朋友说：“昨天真是倒霉，去公厕上厕所，没有看见‘正在清理’的牌子，结果上到一半，几名女清洁工跑了进来，弄得尴尬极了。”这时，你适时地来一句“你当时肯定后悔自己怎么不是属鼠的啊，不然钻出去就可以了”一定可以让气氛热烈起来。倘若你没有抓住时机，说出这些话时太晚，大家只有如丈二和尚摸不着头脑般看着你了。

幽默俏皮讨人喜

据说，当年新闻媒体公布了冯玉祥将军想娶夫人的消息之后，名门闺秀、摩登女郎纷纷赶来“应聘”。选聘夫人这种事完全委托秘书来代理自然不妥，于是冯将军打算亲自出面进行“面试”，而且“面试”的问题只有一个：“你为什么要选择嫁给我？”

第一个答道：“因为您是个大英雄，我爱慕英雄！”

第二个答道：“因为您是大官儿，和您结婚我就是官太太。”

第三个……

来人不少，但“面试”结果却令冯将军非常失望，这种依附型心理的女性不是他喜欢的。

这时，李德全出现了。她不仅气质不凡，而且问题回答得也石破天惊：“上帝怕你做坏事，派我来监督你！”

李德全的机智俏皮和风趣马上征服了冯玉祥，两人结为了百年之好。

李德全面对婚姻大事，以高度睿智、俏皮风趣的语言表达出嫁给冯玉祥将军的愿望与动机。“上帝怕你做坏事，派我来监督你！”这既体现了她有足够的胆识与魄力，又显示了她十分的机智。

在日常生活中，我们身边很难有像喜剧演员、相声表演艺术家等这样专门说笑话的人，但是，只要我们细心观察身边人的许多有趣的言语、行为，就会发现幽默可以无处不在。

脏话只会弄脏自己

不知道读者朋友们怎么看，反正在我周围，一般在事业上小有成就的人，都不会口出脏话。说脏话可谓“有百害而无一利”，不仅影响你自己的形象，还不利于团结。更重要的是，一个总是说脏话的人会被群体所孤立，因为没有人愿意和一个出口成“脏”的人为友。

说脏话是个不好的习惯，这应该是很多人的共识。但是也许有一部分人会辩解，说自己是在情非得已的情况下才说出脏话的，他们还会说对方是如何如何的可恨，自己又是怎样怎样的气愤，于是脏话便成了回击对方最好的武器。其实脏话是把双刃剑，它在攻击对方的时候，往往也损害了你自己，这很有可能让你得不偿失。在你被别人弄得很气愤的时候，想要回击别人，不一定要用脏话，有一种武器，它不脏力量还大。让我们看看下面这个例子：

著名喜剧演员卡洛·柏妮的遭遇，正应了中国的一句古语“人怕出名猪怕壮”。有一次当卡洛在餐厅里用午餐时，一位并不太喜欢她的老妇人走向她的餐桌，当着许多人的面用手摸卡洛的脸。这是种很不礼貌的行为，旁边人都瞪大眼睛看着卡洛，不知她要怎样面对这样的刁难。这位刁钻古怪的老人可不管这么多，她的手指滑过卡洛的五官，然后带着歉意说：“对不起，人们都说你长得漂亮，可我摸不出有多好。”

“还是省下您的祝福吧！”卡洛说，“其实我看起来也没有多好看。”

老妇人又故意仔细地看看卡洛的五官，然后点点头说道：“不错，真的是没有多好看。”

这时卡洛笑起来，边摇头边说道："又摸又看的，新的也变旧了啊。"

我不知道那些口出脏话为自己辩解的人看了这个故事后是什么感受呢？要说气愤，应该没有谁会比卡洛更感到气愤了吧。一个女人在公众场合下长相上被刁难应该会无比的气愤了，但是卡洛没有在愤怒的驱使下口出脏话，她只是略带调侃地发发牢骚，而这样的牢骚，仅仅是针对面前这位老妇的。这样，既维护了自己的利益和形象，又有力地还击了面前这位故意刁难的老妇。

卡洛是个演员，这样的对白或许在她看来如演戏一般简单。我们普通人也可以多留留心，在心里准备一个剧本，若遇到这样的情况，不妨先压压怒火，如读剧本般轻松地来几句幽默调侃，想必效果一定不错。

一个乞丐来到一个饭店乞讨，店主看他可怜，动了恻隐之心，便给了他两元钱。乞丐尝到了甜头，不一会儿，他又来到这个饭店乞讨，店老板没说什么，还是给了他两元钱。谁知道过了一会儿，这个乞丐第三次来饭店乞讨，老板苦笑着说道："我给你张支票吧！"

面对乞讨时，尽自己能力给予帮助的确值得称赞，但是像这个乞丐一样贪得无厌的行为则会招人厌。喜欢说脏话的朋友在这种时候也许早就忍不住了，情绪一上来，加上自己有理，估计什么难听的话都能说出来。但是，如果不知道真相的顾客看见了会怎么认为呢？多半会说你欺负弱者吧。这样，你的生意也许就会受到很大的影响。像这位店主一样，诙谐地说出了自己的不快，既让乞丐认识到了自己的不对，也顾全了自己的面子。

那些喜欢说脏话的朋友们，改改吧！

当机立断不如继续观望

如果我们对当前的形势判断还不是很有把握的时候，就不要太急于去表达自己的想法，说出去的话就像泼出去的水，等到觉得错了的时候，想收也收不回来了。

这时候就需要多“察言观色”。对于一个领导者来说，察言观色尤其重要，因为领导者在工作中总是需要和许多不熟悉的人打交道，要对许多复杂的形势做出准确的判断，不然则可能对整个团体造成不好的影响。

怎样去察言观色呢？说得简单点儿，就是“以静制动”。在你还不清楚别人“动”的目的时，不如静观其变，等弄清楚了状况再说。比如，你初次见到一位客户时，如果对方笑容可掬，说几句看似诚心的话，你就不应该急于表态。

在日常交往中，人情绪起伏变化的程度是很大的，并且很多人的外表和内心并不统一，也就是说，很多人喜欢表面一套、心里一套。也许他此刻正说着恭维你的好话，但是在心里却另有打算，如果你只是温文尔雅地坐着，微笑地注视着对方，尽量不要让对方看出你在想什么，那么他也不能随心所欲了。和不熟悉的人打交道最重要的就是要知道怎么隐藏自己的想法，这样的你才会在别人面前没有破绽，这样的你才是最安全的。

仅仅懂得了怎样隐藏自己还不够，要想对形势全面把握，还需要去揣测对方在想什么。这就需要你仔细地观察了。据说有这样一些规律，比如对方鼻孔膨胀，是对你表示遗憾或者不满；鼻子冒汗，是意欲掩饰内疚急躁的表现。这是关于鼻子的。还有关于眼睛的，正视表示庄重，仰视表示思索，斜视表示轻蔑，俯视表示羞涩。

当然，这些规律并不一定是正确的，但却能给你提供一些参考。除了对方的表情，还要注意对方说话的方式，善于理论的人往往逻辑性很强，喜欢说些琐事的人则比较感性。了解了这些特征后，你便能有的放矢，不至于放空枪。

观察别人不能仅仅是冷眼旁观，这样往往容易让对方觉得你这个人心眼多、不热情。你可以主动地去探测对方，用自己的话语挑起别人的情绪，让对方的话匣子打得更开，这样你才能得到更多有用的线索。你可以抛开主要问题，和他天南地北地聊起来，比如家庭啊，兴趣爱好啊，以及曾经的经历啊。你这种主动释放诱饵的方法，可以让你判断出对方所想，以及他的心理和性格，这样你才能对症下药，让自己弹无虚发。

有了上面这些过程后，你才可以打开自己的话匣子。说话的时候，你还要特别注意场合和对象，所谓“到什么山头唱什么歌”。一般领导交往的对象往往有这么几类：

1.初次见面的客户

在初次见面的客户面前，说话还是以小心谨慎为主。该说十句的时候只说六句，留下四句看情况而定，给自己留条退路，切不可过于坦诚。

2.自己的下属或同事

和下属或同事说话时，则要相对放松许多了，当然还是要注意自己的言辞。因为下属和同事中每个人的性格不同，相同的话在不同的人听来便有不同的意思，这种时候你说的话就要尽量适中，不要过于偏激，免得造成不好的影响。

3.和老客户见面

一般能成为老客户的，在生意上已经有了很大的默契了，所以和这样的人见面已经不需要在生意上下太多的功夫，不妨多聊聊自己的情况，显得更像朋友间的聚会，让两个人的感情更加融洽。

换个话题，柳暗花明

先说说我自己遇到的一件事：

记得有一次朋友聚会，大家天南地北地聊着，气氛十分活跃。朋友A新交了个女友，这可引起了大家的兴趣。我们纷纷拿A打趣，问他和那个女孩是怎么认识的啊？是不是追别人的时候特别主动？表白的时候紧不紧张啊？A性格十分腼腆，自然不愿当大家的面提起这些事，可是大家一时兴起，哪顾得了那么多，你一句我一句的，弄得A招架不住了。

这时，A突然站起来说道："你们不要光问我嘛，C不也交了新女友嘛，你们也问问他啊。"

朋友们都哄笑起来，大家都说A这是想转移话题，不能让他的奸计得逞，于是朝他开起了更强的火力。A无奈，满脸憋得通红，尴尬而吃力地应付着。

等到大家觉得应该告一段落时，这才想起A刚才说的C也有了女朋友，便准备调笑C一番。一个朋友刚问道："你们是怎么认识的啊？"

C便接过话大方地说："哦，是通过一个朋友认识的，我那朋友真不错，原来在农村的时候吃了很多苦，后来自己发奋开了家公司，现在营业额有几百万了。"

"这么厉害！"朋友们都好奇起来，想知道他朋友是怎么创业的。

于是C开始说起了他朋友的故事，大家都仔细认真地听着，把开始的想法全丢到脑后去了。

相信很多朋友都遇到过类似情况。这里的A和C形成了鲜明的对比，A在转移话题的时候过于明显，不仅失败了，还挑起了大家更多的兴趣。而C呢？同样是想转移话题，他的手法就来得高明多了，不知不觉中便把大家的注意力转移了，像个魔术师一样，让大家的思想跟着自己的言语走。

在与别人谈话的过程中，把握话题是十分重要的。比如，和某人初次见面时，为了避免冷场，你需要找到双方都感兴趣的话题，如果对方纠缠于你不喜欢的话题时，你要知道如何去巧妙地把话题转开，避免自己尴尬。其实，转移话题的技巧很多。比如，你可以“节外生枝”，谈话内容总有一个中心，如果你想把话题转开，只要避开这个中心即可。又比如，别人和你聊你不喜欢的篮球，你可以转到同是球类运动的足球上，如果对方硬拉着你聊美容，你可以转到健康上，总之这样跨度不会很大的转移，可以顺其自然地就把问题给解决了。

除了“节外生枝”外，你还可以“先声夺人”。在别人的话题还没有完全展开之时，你便把自己想说的话题插进去，让对方跟着你的思路走。这样的做法可以充分让你掌握主动权，让你时刻对话题都有控制力。

还有一种方法便是“装疯卖傻”。如果别人一直在说你不喜欢的话题时，你可以声东击西，旁敲侧击，装作听不懂，让对方觉得你无法参与进去，这样他自己也会觉得没有兴趣，你再开始新话题就显得容易多了。

当然，转移话题的时候还有许多要注意的问题。你不能转移得太生硬、太直接，不然别人会误以为你这个人不好相处、太自我。所以，转移话题时一定要注意保持自然，要在别人不知不觉中就把话题给转过来，这样你才能就着自己擅长的话题好好地表现自己的口才。

9

话说得好，别人才会听

在公共汽车上，一位乘客忘记了下车，等到反应过来时便大声地喊着："售票员下车！售票员下车！"可这位售票员却笑着说道："我可不能下车，我下了车谁来卖票啊？"那位乘客不好意思地笑了，一场风波就这样被制止在萌芽之中。

把你的对手变成听众

我们在生活中常常会遇到许多对手。读书的时候我们会把和自己成绩相当的同学看成是对手，把和自己同时竞聘班委的同学称为对手；年轻的时候可能还会有情敌成为我们的对手；工作以后许多同事又都是我们的对手。人的一生中除了和家人朋友打交道外，对手也是我们交往的重要对象，可见，如何和对手过招是人生中不可或缺的一环。

我在北京乘坐公交的时候，经常听到售票员和乘客间因为一些小事而争吵不休，比如买票不及时啦，售票员态度不好啦等等。很多时候就是一句话说得不合适，大家就吵了起来，碰上脾气不好的，可能要没完没了地吵到下车为止，极度煎熬着大家的耳朵。

可能有人要说："这有什么奇怪的，售票员和乘客本来就处在对立的位置，有些矛盾和吵闹也不为过。"但是如果大家都注意一下自己的语言，想办法把对方变成自己的听众，那结果就完全不同了。我们来看看下面的这位售票员是怎么做的：

在公共汽车上，有一位乘客忘记了下车，等到反应过来时已几乎来不及，于是大声地喊着："售票员下车！售票员下车！"换作一般的售票员，听到这话则会很不舒服，心想："你自己开始不下车，现在对着我大喊大叫干什么？"可是这位售票员并不生气，而是笑着说道："我可不能下车啊，我下了车谁来卖票啊？"周围听到的人都大笑起来，那位乘客也不好意思地笑了起来，一场风波就这样被制止在萌芽之中。

售票员这句精彩的话，把原本与他对立的乘客都变成了听众，自然吵不起来了。

相对于乘客和售票员，谈判双方对立的状态就更加严重了。其实道理也一样，要是能把你的谈判对手变成你的听众，那你在谈判桌上自然如鱼得水。要想对方成为自己的听众，就要注意说话的方式，把握好说话过程中的一些细节问题，如语句的停顿、重点的强调、说话的速度等方面往往容易被人们忽视，而这些方面都会在不同程度上影响说话的效果。

一般来讲，如果说话者要强调谈话的某一重点时，停顿是非常有效的。试验表明，说话时应当每隔30秒钟停顿一次，一是加深对方印象，二是给对方机会对提出的问题做出回答或加以评论。

当然，适当的重复也可以加深对方的印象，有时还可以运用加强语气、提高说话声音以示强调或显示说话的信心和决心，这样做要比使用一长串的形容词效果要好。

说话声音的改变，特别是如能恰到好处地抑扬顿挫，会使人消除枯燥无味的感觉，吸引听话者的注意力。此外，清晰、准确的发音，圆润动听的嗓音，也有助于讲话的效果。

在谈判中，应注意根据对方是否能理解你的讲话，以及对讲话重要性的理解程度来控制和调整说话的速度。在向对方介绍谈判要点或阐述主要议题的意见时，说话的速度应适当减慢，要让对方听清楚，并能记下来。

同时，也要密切注意对方的反应。如果对方感到厌烦，那可能是因为你过于详尽地阐述了一些简单易懂的问题，说话啰唆或一句话表达了太多的意思；如果对方的注意力不集中，可能是你说话的速度太快，对方已跟不上你的思维了。总之，你要想收到良好的说话效果，就必须注意说话的方式，等到对方成为你虔诚的听众时，你便能轻松地在谈判中获得胜利。

偶尔换换位，说话才到位

这里的“换位”，有两层意思：

第一层意思是简单的字面上的“换位”。不要以为这样做没有多大用处，如果你能在话语中巧妙地运用换位的方法，往往能得到意想不到的效果。有一天，一位年轻的画家去拜访德国著名画家阿道夫·门采尔，向他诉苦道：“我真不明白，为什么我只需要一天的时间便可以画好一幅画，可是要花上整整一年的时间才能把它卖掉？”

门采尔听了后，笑着说：“亲爱的朋友，解决这个问题很简单，请你倒过来试试，要是你能花上一年的时间来完成一幅画，那么你便可以用一天的时间就把它卖掉。”

这个故事就很好地说明了简单的换位。绘画的技术不是三言两语就可以讲得清楚，面对着前来拜访的陌生人，即使说得再多也是徒劳。门采尔很清楚这一点，所以他没有规规矩矩地去教年轻人，而是把他的话巧妙地做了换位。本来一天画画一年来卖，换成一年画画一天来卖，看似简单的调换，实则劝导年轻人要在绘画上多下功夫，这样才能有出路。

其实这样的换位看似简单，但是产生的力量却不容小觑。另一种“换位”便是换位思考的意思，遇到冲突的时候多站在别人的角度去思考。

卡耐基每季都要租用纽约某家大旅馆的大礼堂20个晚上，用以讲授社交训练课程。有一次，当他做好授课的准备后，却忽然接到通知，旅馆的经理要求涨礼堂的租金，而且是原来的三倍，但是当时，入场券已经印好，而且早就寄出去了，另外，其他开课的事宜也都已办妥。很明显，他得去和旅馆经理交涉。怎样才能让对方退让呢？他们感兴趣的当然是他们想要的东西。

两天以后，他去找经理说："我接到你的通知时，有点震惊，不过，这不怪你，假如我处在你的立场，或许也会写出同样的通知书。你是这家旅馆的经理，你的责任是让旅馆尽可能得到更多的利润，你不这么做的话，你的经理职位可能就不保了。假如你坚持要增加租金，那么让我们来估算一下，这样对你到底是有利还是不利？

"先讲有利的一面：大礼堂不租给我用作讲堂而是租给用作举办舞会、晚会活动的单位，那你必可以获得较高利润，因为举办这一类活动的时间并不长，所以他们愿意一次性付出高额的租金，比我能支付的金额当然要多得多。租给我，显然你吃大亏了。

"现在，来说不利的那一面：你增加我的租金，却减少了收入，因为实际上等于你把我赶走了，而我付不起你所要的租金，势必得再找别的地方举办训练班。还有一件对你不利的事实，这个训练班将吸引成千上万个有文化素养的中上层管理人员到你的旅馆来听课，对你来说，这难道不是个不用花钱的活广告吗？事实上，你花5000元钱在报纸上登广告，也不一定能邀请到这么多人亲自到你的旅馆来参观，可我的训练班学员却全让你邀请来了，这难道不合算吗？"

讲完后，卡耐基说："请仔细考虑后再答复我。"当然，最后经理让步了。

在卡耐基获得成功的过程中，没有谈到一句关于他要什么的话，他是站在对方的角度想问题的。

可以设想，如果他怒气冲冲地跑进经理办公室，扯着嗓门叫道："这是什么意思！你知道我把入场券都印好了，而且都已寄出去，开课的相关事项也都准备就绪了，你却要增加300%的租金，你不是存心整人吗？300%！好大的口气！你有病吗？我才不付呢！"

想想，那又该是怎样的局面呢？大吵之下训练班必然无法举办，即使他能够辩得过对方，旅馆经理的自尊心也很难使他认错而收回原要求。

设身处地地替别人想想，了解别人的观点比一味为自己的观点和对方争辩要高明得多，不管是谈生意还是说服下属都是如此。

转个弯才不会碰壁

说话的时候太直率就容易碰壁，用一句小品台词来概括这类人便是“脑筋不会急转弯”。说话碰壁的滋味的确不好受，碰了一鼻子灰不说，还容易遭到别人的白眼。

怎么说话才能不碰壁呢？那就是遇到困难的时候要懂得拐弯。

有一位才华横溢的先生，认真努力地生活着。然而，由于他直言不讳的个性，致使他所有的努力都付诸东流。他好像永远都无法与他人和平共处。

他总是做那些不该做的事，说那些不该说的话，并在无意之中伤害他人的感情，这所有的一切完全抵消了他努力想取得的好结果。努力变得毫无意义，因为在他的头脑里压根就没有“把话变个方法说”的观念，他一直都在不断地得罪和冒犯他人。

我们都认识这样的人，他们以无拘无束、鲁莽直率地畅所欲言为荣。他们认为这是一种诚实的表现，是一种独特个性的象征。在他们看来，那些迂回曲折的表达方式和人际交往中常用的外交辞令，都是懦弱和虚伪的表现。他们所信奉的是“有什么就说什么”，然而，这样的人永远都不可能取得成功。

尽管人们相信他们是诚实的，但是，由于不愿把话“裹上一层糖衣”，不善于察言观色，他们常常把事情搞得一团糟。他们不知道如何有效地影响和驾驭他人——他们在人群中总是显得那么格格不入，总是处于极度尴尬的境地。每次他们在我们面前说话时，总是会触及到我们的痛处，常常惹得我们火冒三丈。这样的人怎么可能会成功呢？

我们都喜欢得到体贴入微的关怀，喜欢被别人温柔地对待，希望和聪颖机智的人打交道。那些以毫无顾忌、直来直往的说话方式为荣的人，通常既不会有太多的朋友，也不会在事业上取得较大的成功，而且很多时候，会不自觉地对他人造成伤害。

因此，即使是讲真话也要换个别人能够接受的方式。

德意志帝国皇帝威廉二世派人将一艘军舰的设计图交给一位造船界的权威人士，请他评估一下。他在所附的信件上告诉对方，这是他花了许多年、耗费不少精力才研究出来的成果，希望能仔细评估一下。

几个星期之后，威廉二世接到了这位权威人士的报告，这份报告附有一叠十分详细的分析推论。文字报告是这么写的：

“陛下，非常高兴能见到一幅美妙的军舰设计图，能为它做评估是在下莫大的荣幸。可以看得出来，这艘军舰威武壮观、性能超强，可以说是全世界绝无仅有的‘海上雄狮’。它的超高速度前所未有，而武器配备也是举世无敌；至于舰内的各种设施，将使全舰的官兵如同住进一间豪华旅馆。但这艘举世无双的超级军舰有一个小缺点，那就是如果一下水，马上就会像只铅铸的鸭子般沉入水底。”

本来就是玩票来设计军舰的威廉二世，看到了这份报告，不禁会心地笑了。

其实，这位造船界的权威人士的意思就是这张设计图根本就是张废纸，但他如果直言不讳地说“陛下，你的设计图一点也不适用，只有一个空架子”，结果会怎么样呢？你用脚指头想都知道。

所以一定要明白，良药不一定苦口，即便出发点是为他人着想也需要将话语“裹上一层糖衣”，让别人有如沐春风之感。

在自习课上，不知道哪名同学突然放了一个响屁，引得全班同学哄堂大笑，还有不少男生骂那名学生没修养，而女生们则用手在鼻子前扇动，整个教室一时像炸开了锅一般。

在混乱时刻，班长站起来大声说：“安静！乱放屁的人也太没修养了嘛，污染空气真缺德；笑的人也没涵养，吃了五谷，哪个人又不放屁呢？”班长的话如水投石，引得满堂议论，大家都愤愤不平，说班长没涵养，说话没分寸。班长顿时成为众矢之的，难堪极了。

恰在这时，李老师走了进来，闹腾的教室顿时鸦雀无声。细心的李老师发现每个学生都带着怒气，于是请了一名同学到教室外了解情况，之后将班长请进办公室，给他讲了一个故事：

明朝开国皇帝朱元璋，少年时当过放牛郎，交了一些穷朋友。称帝后，他总有一种“高处不胜寒”的感觉，总想找昔日的朋友叙叙旧。

一天，来了一位旧友，进宫之后指手画脚地说：“我主万岁！皇上还记得吗？从前你和我都替财主放牛。有一天我在芦花荡里，把偷来的青豆放在瓦罐里煮，还没等煮熟，大家就抢着吃。你把罐子都打烂了，撒了满地的青豆，汤也泼在地上了。你只顾从地上抓豆吃，不小心把草叶送进嘴里，卡住了喉咙。还是我的主意，叫你把青菜叶吞下，才把卡在喉咙里的草叶咽进肚里去。”朱元璋听了他的述说，在百官面前哭笑不得，为了保住颜面，他把脸一沉，厉声喝道：“哪来的疯子，给我乱棍打出去！”

这个抱头窜出的倒霉蛋，见到朱元璋的另一位旧友——昔日的同路放牛娃，于是向他诉苦，说朱元璋不讲情面。那个放牛娃抿嘴一笑，说：“你看我去，保得富贵。”

于是他大摇大摆走进宫来，一见朱元璋，磕头便拜，然后叙起旧来：“皇上还记得吗？当年草民随您大驾骑着青牛去扫荡芦州府，打破了罐州城，汤元帅在逃，您却捉住了豆将军，红孩儿挡在了咽喉之地，多亏菜将军击退了他。那次战斗我们大获全胜。”朱元璋对旧友吹嘘的那场战争心知肚明，他把丑事说得含蓄动听，面上有光，又想起当年大家饥寒交迫、有难同当的情景，心情激动，立即给这位旧友封了一个官职。

听完故事之后，班长很愧疚地说：“李老师，我知道自己错了，不该讲话这么不留情面。”

巧的是，不久班里又发生了同样的事情。这一次，班长吃一堑长一智，委婉含蓄地说："污染空气的同学请注意憋气；讥讽憋不住气的同学的同学，请注意养气；我们要保持清新的空气和安静的环境，大家都要有爱心和正气。"班长这样一说，教室里很快就恢复了平静。

看见前面有堵墙的时候，就别闷着头爬上去了，稍微转个弯不就可以了吗？

言语有创意，才能引起共鸣

在蒙大拿州一个偏远的山谷，一位牧民正在放牧，突然，一辆崭新的高级轿车出现在他的面前。开车的人穿着非常考究，他放下车窗探出头来对牧民说："我敢打赌，我能非常准确地说出你的牛群有多少头牛，如果我的判断正确，你就送一头小牛给我，干不干？"

牧民看着这个一身名牌的家伙，又看了看漫山遍野的牧群，静静地说："当然，为什么不呢？"

开车人停好自己的车，取出他的戴尔笔记本电脑，连接上摩托罗拉移动电话，登录美国国家航空和宇航局的主页，申请了一个GPS卫星定位系统的服务，明确自己现在所处的位置，然后他要求另一颗卫星为他提供所在位置的高清晰照片，再用图像处理软件打开得到的数字照片，将这些照片发给德国汉堡的数字图像处理中心处理。片刻之后，他收到了电子邮件，图片已经得到了处理，数据也被储存起来，接着他访问了微软数据库系统，将电子邮件上的数据输入电子表格系统，几分钟后他得到了结果。

最后，他用微型高精度惠普激光打印机打印出一份150页的全彩报告。他拿着报告微笑地看着牧民："哈哈，1586头，怎么样？""完全正确，好吧，你自己可以挑选一头带回去了。"牧民答道。

牧民平静地看着开车人进入牧群，笑嘻嘻地看着他挑选了一头放进他自己的车里。然后，牧民走向车子，说："嘿！如果我能准确地猜出你的职业，你能把它还给我吗？"

开车人看着这个乡下人想了想，点点头："当然，为什么不呢？"

"你一定是个国会议员。"牧民毫不犹豫地说。

"哇！太准确了！"开车人惊呼，"你怎么猜得这么准？"

"根本就用不着猜，"牧民说，"你们总是这样。第一，没有人请你来可你还是来了；第二，你愿意花大量的时间和金钱去研究一个问题，其实你想要的答案我早就知道了；第三，我没有向你提出任何问题可你却能自己制造出问题；第四，你总是夸夸其谈，显得非常能干，总喜欢拿所谓准确的数据说话，但并不了解那些数据背后的实际情况，比如你知道我牧群的数字，可是我要告诉你我放的是羊群而不是牛群……"

议员目瞪口呆地看着牧民。

牧民伸出双手，说："好了，现在把我的牧羊犬还我吧。"

这是在网上广为流传的一个故事。这个故事里，我们可以看到创意的力量。

可以设想这是某个人说的一个故事，那么他想表达什么呢？其实不难看出，作者只是想讽刺一下这位议员只会空谈，处理问题不从实际出发，表面上做出一副会分析、会推理的样子，实际上只是些华而不实的小伎俩罢了。

但是如果作者很直白地指出这些弊端，赤裸裸地把它们说出来，不仅不能得到大家的认同，还可能戴上顶愤青的帽子。一旦他把自己想表达的东西融入到这种很有创意的小故事里，那么听的人在笑后也会很认同作者的想法。

我们在表达自己意见的时候，总是很担心别人是不是会接受自己的想法，如果自己的想法都直接被别人否定了，那么接下来的行动一定会更加困难。所以，如果我们想要别人在行动上支持自己，就必须使别人认同自己的想法，若能在表达自己的想法上多加些创意，像这个故事一样，引起听者的共鸣，那么我们便能很轻松地得到别人的支持。

话说得好，别人才会听

我听过很多做推销的朋友抱怨自己的工作不好做，有时候遇见客户还没说几句，对方就没有了兴趣。说实话，有些推销员的确很不注意说话方式，往往他们才说一两句，我就没有了听下去的兴趣。其实，推销员要把自己的东西推荐给顾客，口才至关重要，而要把话说好，开头则是重中之重。

俗话说得好，开始的顺利就成功了一半。

推销就是用你的口才说服别人购买你的商品，一个好的推销员应该明白开场的几句话是极其重要的，它将关系到你推销的成败。

一位人寿保险代理商接近准客户便问："5公斤软木，您打算出多少钱？""如果您坐在一艘正在下沉的小船上，您愿意花多少钱保命呢？"这个令人好奇的开场白，可以引发顾客对保险的重视和购买的欲望。

人寿保险代理商阐明了这样一个思想，即人们必须在实际需要出现之前投保。为了接触并吸引客户的注意，有时可用一句大胆陈述句或强烈问句来开头。

20世纪60年代，美国一位非常成功的销售员乔·格兰德尔有个非常有趣的绰号，叫作"花招先生"。他拜访客户时，会把一个3分钟的蛋形计时器放在桌上，然后说："请您给我3分钟，3分钟一过，当最后一粒沙穿过玻璃瓶之后，如果您不要我再继续讲下去，我就离开。"

他会利用蛋形计时器、闹钟、20元面额的钞票及各式各样的花招，使他有足够的时间让顾客静静地坐着听他讲话，并对他所卖的产品产生兴趣。

假如你总是可以把客户的利益与自己的利益相结合，提问题将特别有用。顾客是向你购买想法、观念、物品、服务或产品的人，所以你的问题应带领潜在客户，帮助他们选择最佳利益。

“万事开头难”，说话也一样，如果这个“头”开得不好，那么就没有多少人会把注意力集中在你的话语上，即使你说到嗓子冒烟也白费。巧妙地把“头”开好，则能把别人吸引过来，并认真等着你说接下来的话，这样你的话语才能更好地“钻进”别人的耳朵里。

既会机智，何必争执

我们在生活中总会遇到一些麻烦，如何处理这些麻烦就成为我们需要掌握的一种生活小技巧。我们是选择针锋相对还是不露声色地巧妙解决呢？怎样才能让我们成为旁人眼中的智者，敌人心中的勇者？让我们来看看下面例子里的主人公是如何化险为夷、化干戈为玉帛的。

清朝名臣纪晓岚在编纂《四库全书》时的一天，正值酷暑，他打着赤膊坐在桌前，这时，乾隆皇帝突然驾到。古时候，臣民衣冠不整见驾即为欺君，更何况纪晓岚那副模样！他连忙钻进桌子底下躲避，谁知乾隆皇帝早就看到了他，便向身旁之人摇手，示意他们别吭声，自己却在纪晓岚藏身的桌前坐了下来。过了许久，纪晓岚感到憋得慌，此时外面鸦雀无声，又因桌布遮挡看不见外面的情况，更不知道皇上到底走了没有，于是偷偷伸出一根中指，低声问道："老头子走了吗？"

乾隆皇帝哭笑不得，只好假装生气地喝道："放肆！谁在里面？还不快给朕滚出来！"

纪晓岚没辙，只好乖乖爬出来双膝跪地。

乾隆皇帝问："卿为什么叫朕老头子呢？解释得有理的话便饶卿不死，否则……卿自己看着办吧！"

纪晓岚立即答道："皇上是万岁，理应称'老'；再则尊为君王，举国之首，万民仰戴，自然是'头'；所谓'子'者，即'天之骄子'也。故'老头子'乃至尊之称。"

“那根中指又是什么意思呢？”

“代表‘君’，‘天地君亲师’的‘君’。”纪晓岚伸出左手，指着右手的中指说道，“从左边数起，‘天地君亲师’，中指是‘君’；从右边数起，‘天地君亲师’，中指仍是‘君’；因此中指代表‘君’。”

乾隆听后笑道：“卿急智可嘉，恕卿无罪！”

君臣之间，关系像乾隆和纪晓岚这般亲密的恐怕不多。但是作为臣子来说，即使和皇上的交情比较好，也是马虎不得的，一句话说得不恰当，就不只是争执的问题了，皇上的心情要是被你弄糟了，让你掉脑袋都是有可能的。这里，纪晓岚对情况估计不足，说了几句不应该说的话，好在他机智过人，用他的三寸不烂之舌及时地弥补了自己的过失。

一位女士走进一家商店，气冲冲地问道：“你们这些奸商，前些天我花了好几千从你们这儿买的这条黑狐皮围巾，为什么沾上一滴水就变色了呢？”

商店老板慢慢自语道：“这狐狸精还真是厉害啊，把它做成围巾了，居然还能如此变化多端。”

顾客想着自己上当了，必然怒气冲冲地跑来理论，如果老板此时态度蛮横，一场恶斗不可避免。要想彻底解决好这个问题，恐怕还需要商店老板和顾客真心诚意地去磋商。仅仅老板这一句幽默的语言并不能解决他们之间的矛盾，但是正是这句话，让顾客看到了老板的诙谐和坦诚，让他们没有在一开始就处于剑拔弩张的境地，相信他们也能在一个更好的氛围中来商讨如何解决问题。

当然，这样的机智并不能从根本上解决我们所遇到的问题，但是在问题初露端倪的时候，我们巧妙地运用机智，可以让气氛更缓和些，而缓和的气氛对解决问题是有极大的好处的。我们所看到的许多争吵，有些一开始便处于紧张的气氛，如果大家处理不好，必然会向着坏的方向发展，这个时候拿成语“一言不合”来形容最合适不过了。这“一言”仿佛浇在火上的油，让双方都失去理智，如果能在恰当的时候巧妙地运用理智，便仿佛是浇了瓢水，能让大家都冷静下来处理问题。